Hair Cut WorkBook

저자 김성아, 김미정

도서출판 예림

저자약력

김성아

- 대구 가톨릭대학교 이학박사
- 사) 대한 미용사회 국가대표
- 사) 대한 미용사회 기술강사
- 영국 비달사순 스쿨 수료
- 피봇 포인트 수료
- 대구 한의대학교 패션뷰티학과 외래 교수

김미정

- 세종대학교 패션디자인학박사
- 미용기능장(22기)
- 영국 비달사순 스쿨 수료
- 피봇 포인트 수료
- 전) 김천 과학대학교 뷰티디자인과 교수
- 현) 대구보건대학교 뷰티코디네이션학부 교수

머리말

커트에 대한 책은 이미 시중에 많이 출간되었지만 대학에서 학생들을 가르치면서 체계적이고 보다 쉽게 접근할 수 있는 교재의 필요성을 느껴 이 책을 만들게 되었습니다.
본 교재는 그동안 강의 경험과 자료들을 정리하여 커트과목을 처음 접하는 학생들과 일반 미용인들도 알기 쉽도록 구성하였습니다.

본 교재는 헤어디자인의 구성요소와 특성에 대한 이해, 두상의 포인트, 커트 절차, 질감 표현, 솔리드 형, 그래쥬에이션 형, 인크리스 레이어 형, 유니폼 레이어형의 개요로 구성되어 있습니다. 그리고 각 장별로 과정을 실습한 후에 포트폴리오를 작성하도록 하여 학생들에게 반복적인 학습과 평가가 가능하도록 구성되어 있습니다.

헤어디자이너에 있어 가장 기본인 커트는 중요한 기술 중 하나입니다. 이 책은 기초적인 부분을 탄탄히 하고, 커트에 대한 테크닉과 응용력을 높여, 실전에서 많은 도움이 되기를 바라며 발간하게 되었습니다. 완성된 책을 보니 미흡한 부분이 많아 아쉬움을 느낍니다. 이러한 점들은 지속적으로 수정 · 보완하여 미용을 공부하는 모든 이들에게 좋은 지침서가 되도록 노력할 것입니다.

끝으로 부족한 원고를 흔쾌히 맡아 애써주신 도서출판 예림 석 종환사장님과 편집부 여러분께 감사를 드립니다.

2016년 8월
저자일동

목차

이론편

Contents

CHAPTER 1. 헤어디자인 예술

〈헤어 커트를 머리 조각이라고 표현한 이유〉

- 조각, 그림, 무용, 음악, 건축과 같이 헤어 디자인도 예술의 한 형태
- 헤어 커팅 = 헤어 스컬프팅(Hair sculpting= 머리 조각)

1. 헤어 디자인의 구성요소

: 형태(Form), 질감(Texture), 컬러(Color)

2. 다른 분야의 예술과 유사성

	예술가	헤어 디자이너
건축가	건축할 구조물의 청사진(도면)을 만듬	섹션과 패턴의 머리 길이의 배열을 이용
화 가	그림(2차원의 예술 형태) 라인, 모양, 칼라 → 대상 표현 수단	고객의 이미지와 개성적 디자인 창조
안무가	동장 + 음악 : 각 동작과 다음 동작의 연결	시각적 움직임을 나타내는 선의 배열
작곡가	음표와 음 배열 → 다양한 템포와 리듬 만듬	다양한 디자인 요소들에 의해 마무리 → 극적인 마무리 or 섬세한 마무리

3. 미용의 특수성

① 고객의 사상이나 감정, 감성을 존중

② 소재 선정의 부자유

③ 부용 예술: 목적이나 가치가 있는 예술

ex) 건축, 미용 등

cf) 자유예술 → 그림, 조각 등

④ 고객을 직접 대면한다 → 요구되는 자질이 많다.

⑤ 시간적 제약을 받는다.

⑥ 바로 평가를 받는다.

4. 미용의 과정

① **소재** _ 재료 자체가 발상, 제한된 인체의 일부

② **구상**(발상) _ 소재를 충분히 관찰한 다음 소재의 특징을 살려 훌륭한 개성미를 나타낼 수 있는가를 연구, 계획한다.

③ **제작** _ 구상의 구체적인 표현

④ **보정**(검토/확인) _ 숙련된 디자이너일지라도 제작을 끝낸 다음에는 전체적인 모양을 종합적으로 관찰하고 조화를 이룰 수 있도록 재조사하여 끝맺도록 한다.

CHAPTER 2. 디자이너로서 관찰과 사고

1. 본다(관찰)

: 정보를 모으고 분석하는 과정

질적 분석 _ 대상물의 각 부분의 목록, 사물의 특징, 성질 등을 분석

양적 분석 _ 크기, 비율, 부피에 대해 각 부분의 양과 관련한 분석

2. 관찰의 3단계

: 관찰 과정이 진행되는 동안 질적 · 양적 분석 능력을 이용한다.

1단계(기본 관찰) _ 외곽선, 윤곽(형태)을 관찰

2단계(정밀 관찰) _ 세부사항(질감, 컬러, 길이)을 관찰 → 질적 분석

3단계(추상적 관찰) _ 구조그래픽, 상상(전문가적 관찰) → 양적 분석

3. 디자이너의 사고 형성 과정

우뇌 _ 예술적, 미적, 상상력, 시각적, 창조적 → 완성된 결과를 구상(예술적 재능)

좌뇌 _ 기술적, 시간 지향적, 논리적, 분석적 → 실질적인 절차를 결정(기술적 재능)

CHAPTER 3. 형태(머리형)의 특성

차원의 기본 구성: 점의 연속 → 선(Line) → 모양(Shape) → 형태(Form)

선(Line)	모양(Shape)	형태(Form)
↓	↓	↓
1차원	2차원	3차원

형(Form)의 3요소: 선, 방향, 모양, 3차원의 모양(길이, 넓이, 깊이)

• 차원의 기본 구성

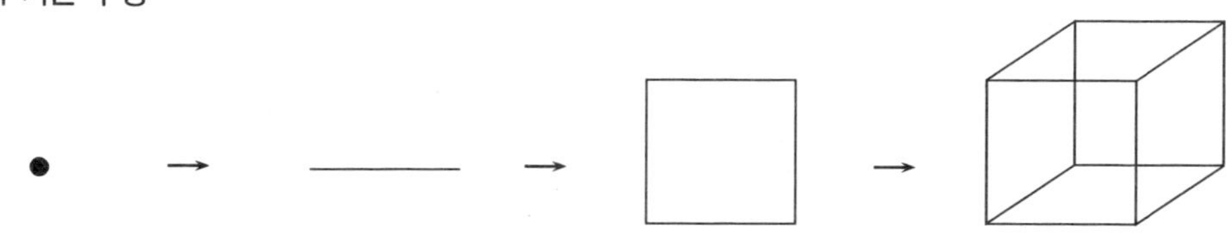

1. 선(Line)

: 연속된 점들의 집합

: 선의 방향은 직선이 될 수도 곡선이 될 수도 있다

2. 방향(Direction)

: 커트 분석 요소 중의 하나로 선의 진로, 기본 방향은 상 · 하, 좌 · 우 이다.

직선 _ 수평선, 수직선, 좌 · 우 대각선 → 4가지 기본 직선

곡선 _ 기본 직선으로 표시

a) 곡선의 형태

- 컨케이브(Concave): 반구의 내부처럼 오목한 형태. A자형
- 컨벡스(Convex): 반구의 외부처럼 볼록한 형태. U자형

※ 역곡선: 컨케이브와 컨벡스가 만나는 선으로 역동작이 일어나는 두 곡선의 연결, 다양한 비율로 형태가 나뉘어질 수 있다.

b) 곡선의 깊이

: 선 내에 두번째 방향이 있으며 그것이 곡선의 휘어진 정도를 알 수 있다.

c) 곡선의 속도

: 느리고 수동적이거나 빠르고 활동적

d) 천체축

: 직선과 곡선, 방향, 각도(0˚/ 45˚/ 90˚)를 정의하는 기호

3. 모양(Shape)

: 특정한 길이와 폭을 지닌 가로와 세로로 이루어져 평면으로 표현하는 닫힌 공간. 2차원적 형태

: 서로 다른 방향의 선들이 만나서 만들어진 닫힌 공간

ex) 삼각형, 사각형, 원형 등

4. 형 · 형태(Form)

: 가로, 세로, 높이로 이루어져 입체로 표현하는 공간. 3차원적 형태

Memo

CHAPTER 4. 형태(머리형)의 분석(Form Analysis)

1. 자연 시술각(Natural Fall)

: 중력이 지향하는 방향으로 모발을 자연스럽게 늘어뜨리는 상태

: 전체적인 모양, 모발의 겉모습(높이, 위치, 레벨), 질감, 형태선의 방향과 특성을 관찰하면서 시술
→ 기본 관찰과 정밀 관찰을 함께 활용한다.

• 7가지 길이 레벨 기준

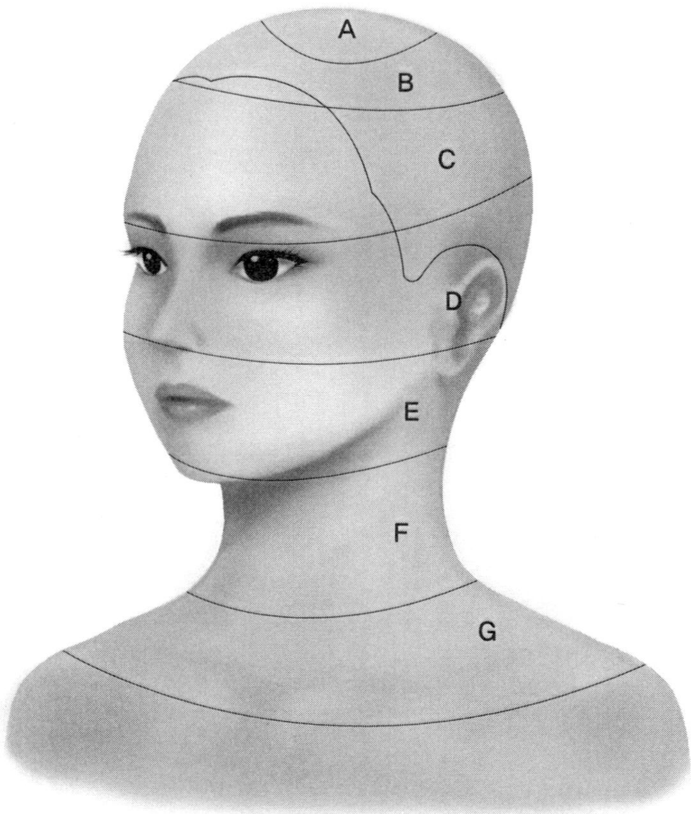

A) 정수리선(Apex)
B) 헤어라인(Hair Line)
C) 눈선(Eye)
D) 귓불선(Ear Lobe)
E) 턱선(Chin)
F) 목선(Neck)
G) 어깨선(Shoulder)

2. 일반 시술각(Normal Projection)

: 두상의 곡면에서 모발을 90˚로 들어 올린 각도

※ 두상의 곡면에 붙은 각을 0˚라 한다.

: 모발을 추상적으로 관찰

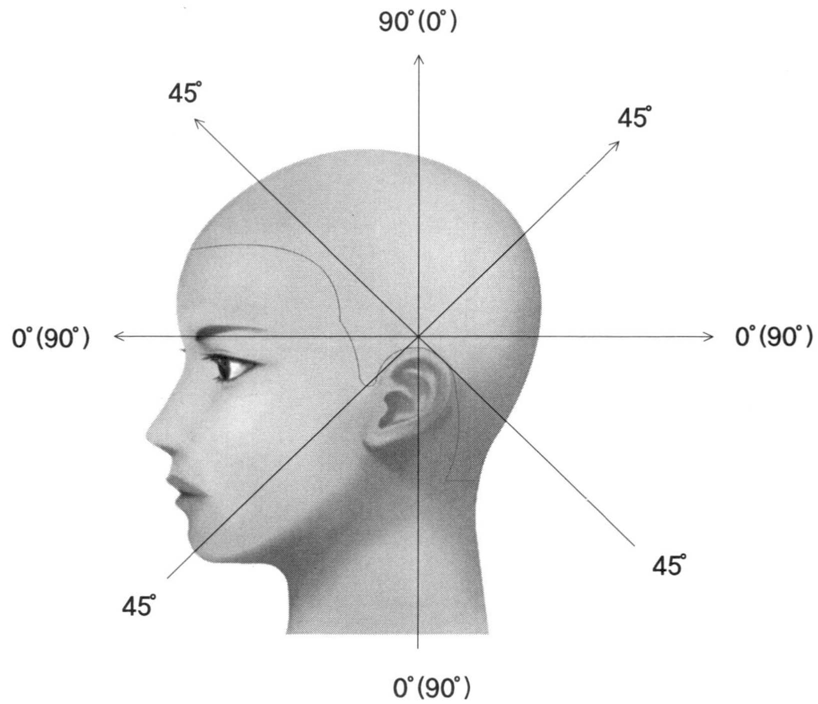

⬆ 자연시술각

⬇ 일반시술각

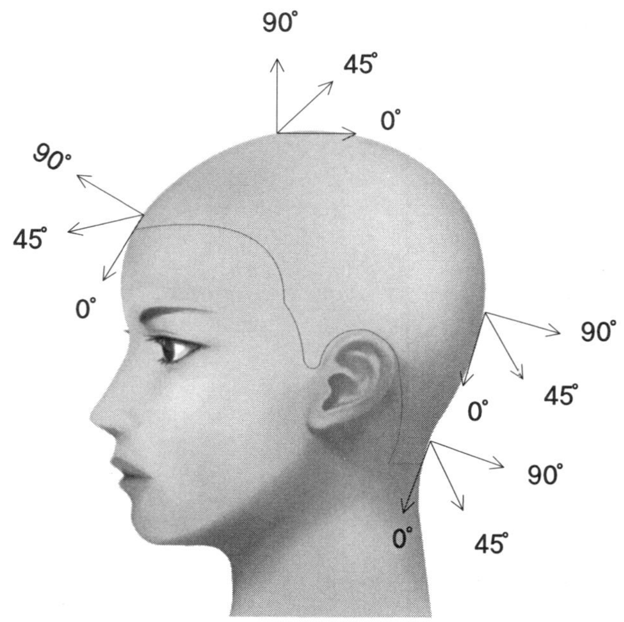

CHAPTER 5. 컬러와 모발 질감

1. 질감(Texture)

: 촉각과 시각으로 느낄 수 있는 머릿결의 표면 양상

① **엑티베이티드**(activated) _ 잘린 모발 끝이 보이는 질감 → 인크리스레이어, 유니폼 레이어

② **언엑티베이티드**(unactivated) _ 잘린 모발 끝이 보이지 않는 질감 → 솔리드

③ **콤비네이션**(combination) _ 두 질감의 혼합형 질감 → 그래쥬에이션

⬆ 엑티베이티드

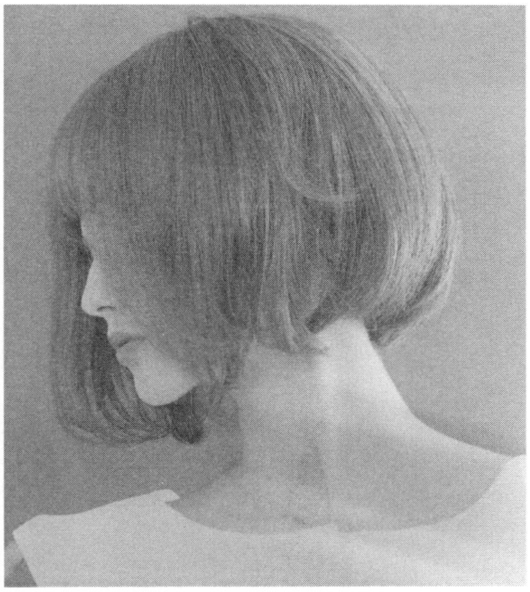

⬆ 언엑티베이티드

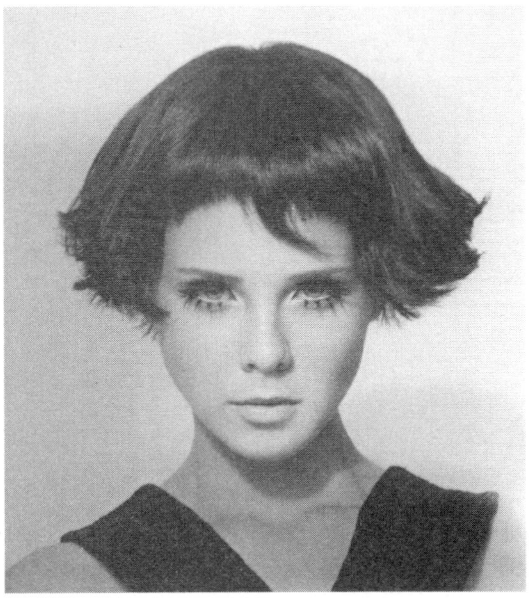

콤비네이션 ➡

2. 컬러(Color)

: 빛이 물체에 투영되었을 때 나타나는 시각적 효과

질감의 착시 효과, 운동감, 방향감, 부피감, 무게감

① 시각적 환영(착시 현상)

: 언엑티베이트 → 엑티베이트

: 생동감, 방향감의 착시

② 어두운 색은 대상을 작고 들어가 보이게 함

③ 밝은 것은 대상을 크고 나와 보이게 함

Memo

CHAPTER 6. 두상의 포인트(Head Point)

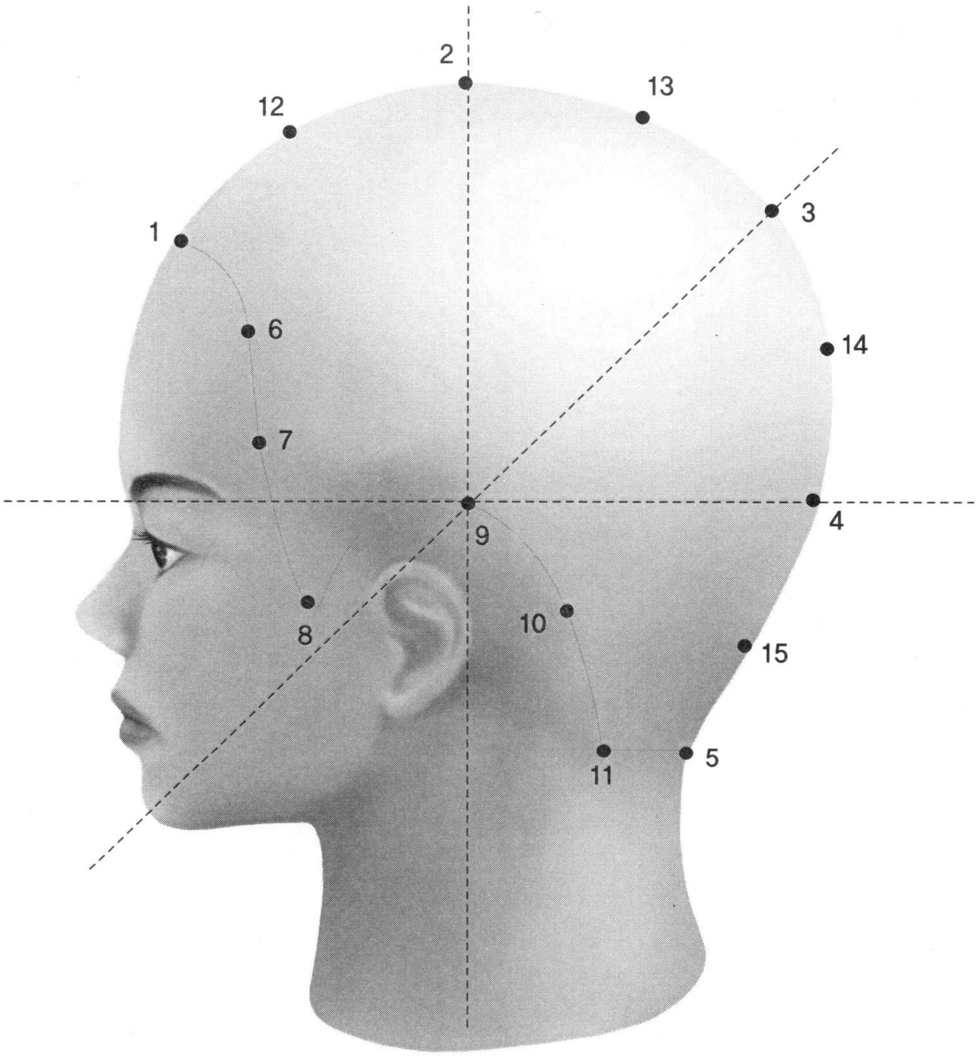

1. C.P(Center Point)
2. T.P(Top Point)
3. G.P(Golden Point) _ Crown
4. B.P(Back Point)
5. N.P(Nape Point)
6. F.S.P(Front Side Point) _ Temple
7. S.P(Side Point)
8. S.C.P(Side Corner Point) _ Side burn
9. E.P(Ear Point)
10. E.C.P(Ear Back Point)
11. N.S.P(Nape Side Point)
12. C.T.M.P(Center Top Medium Point)
13. T.G.M.P(Top Golden Medium Point)
14. G.B.M.P(Golden Back Medium Point)
15. B.N.M.P(Back Nape Medium Point) _ occipital bone

① 측면

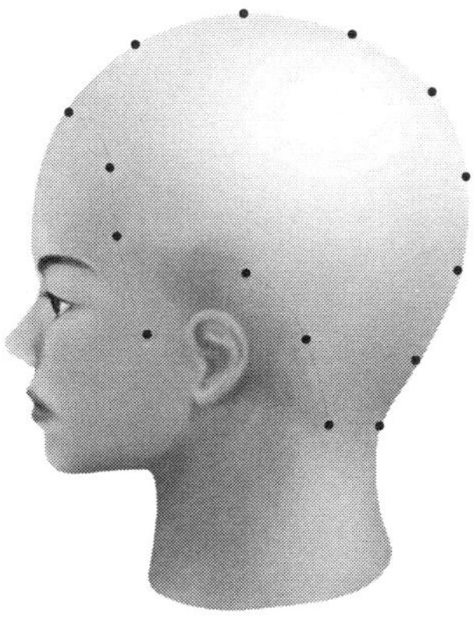

①
②
③
④
⑤
⑥
⑦
⑧
⑨

② 후면

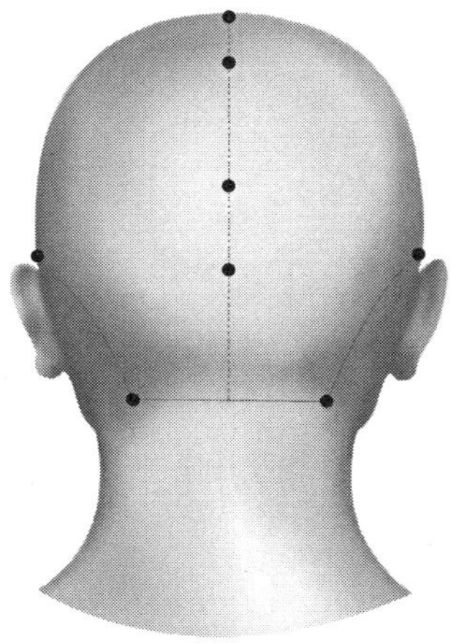

①
②
③
④
⑤
⑥
⑦

③ 앞면

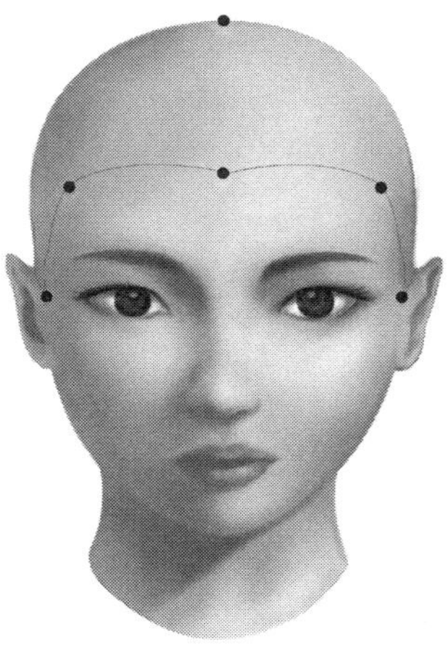

①
②
③
④
⑤
⑥

CHAPTER 7. 커트의 절차

1. 섹션 나누기(Sectioning)

: cut하기 전 시술을 용이하게 하기 위해서 두상을 cut형과 관련하여 디자인 라인을 결정하기 위해서 두상을 크게 나누는 것
좌/우 대칭, 균형, 비율 등을 고려해야 함.

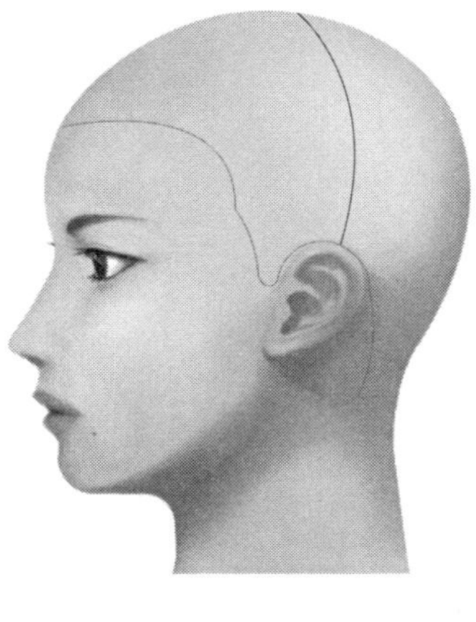

① Ear to ear

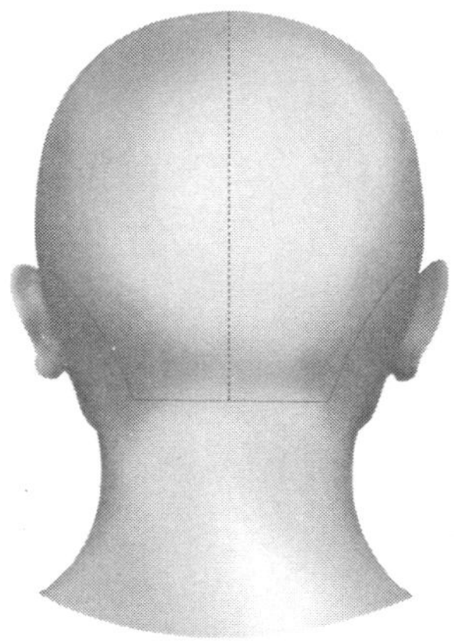

② Center Part

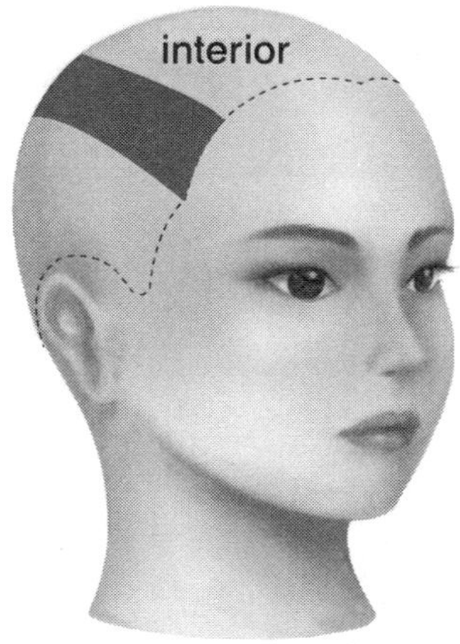

③ 두상의 곡면 3등분

Head Position

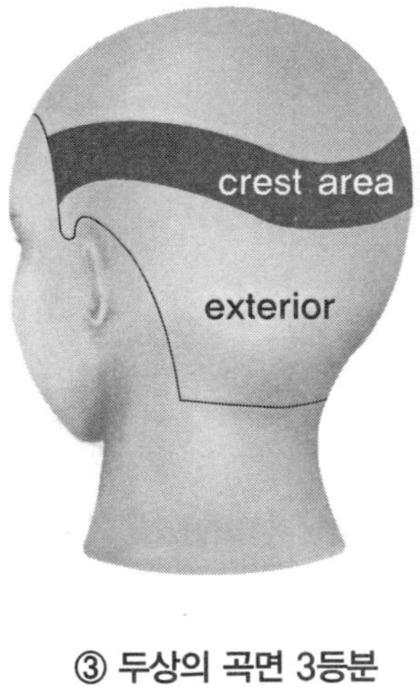

③ 두상의 곡면 3등분

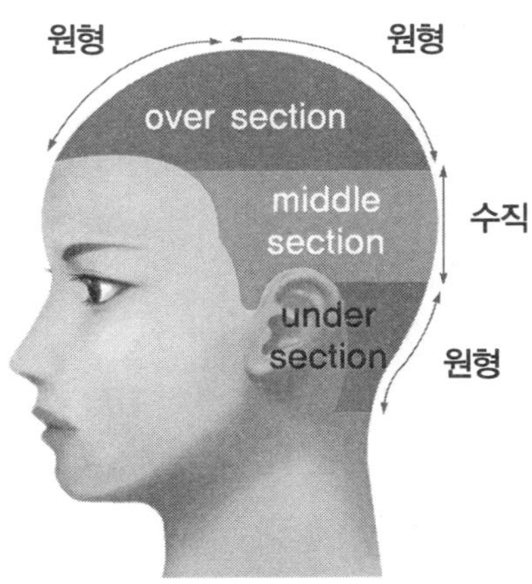

④ 3등분

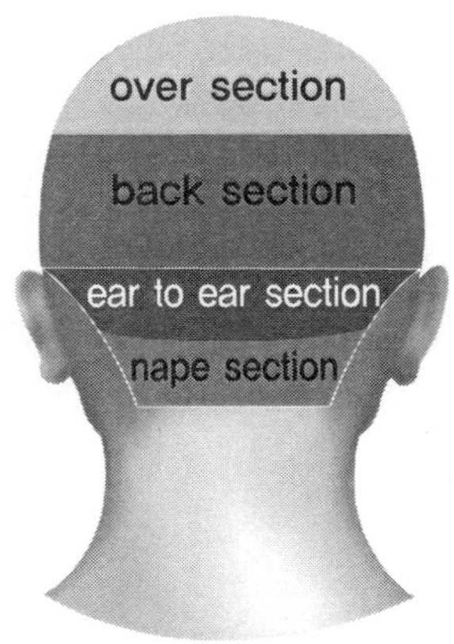

⑤ 4등분

섹션 나누기는

: 디자인 라인, 파팅, 시술각, 분배에 따라 결정

: 혼합형일 경우 다른 형과의 비율의 관계로 섹션을 나눔

: 의도된 디자인, 고객의 두상, 모발의 자연 성장방향 등에 관련됨

2. 머리 위치(Head Position)

: 모발의 질감(Texture)과 방향(Direction)에 영향을 주어 모발의 분배에 직접적으로 영향을 미치는 요소.

① **앞쪽**(Forward) _ 주로 형태선의 끝마무리로 많이 사용

모발이 약간씩 안으로 말려 들어감 = 속마름 효과(솔리드형)

② **똑바른 형**(Up-Right) _ 가장 자연스럽고 고른 효과

③ **옆으로 기울인 형**(Tilted) _ 형태선의 쉬운 마무리를 위해 사용

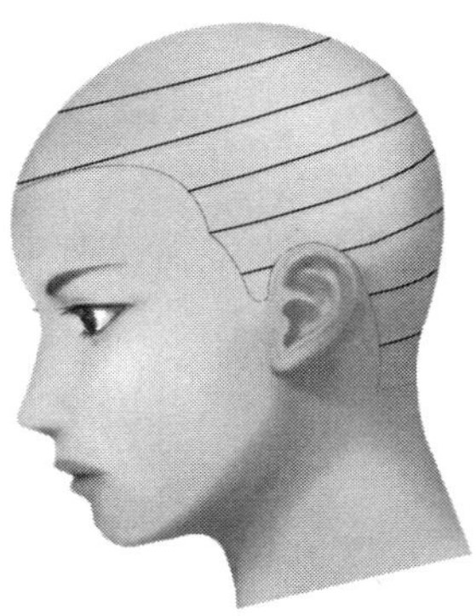

① Down Position

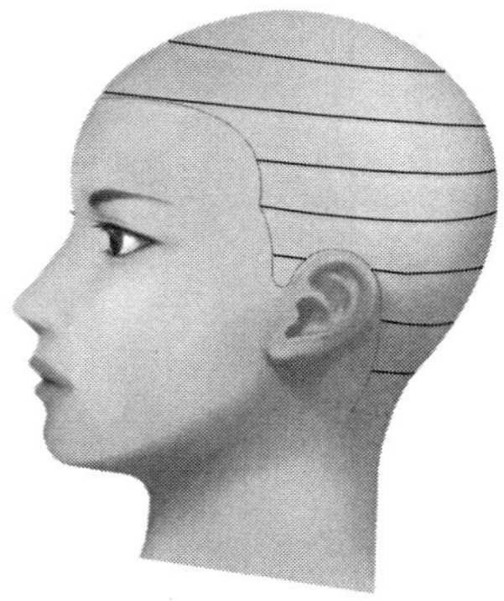

② Up Position

Head Position

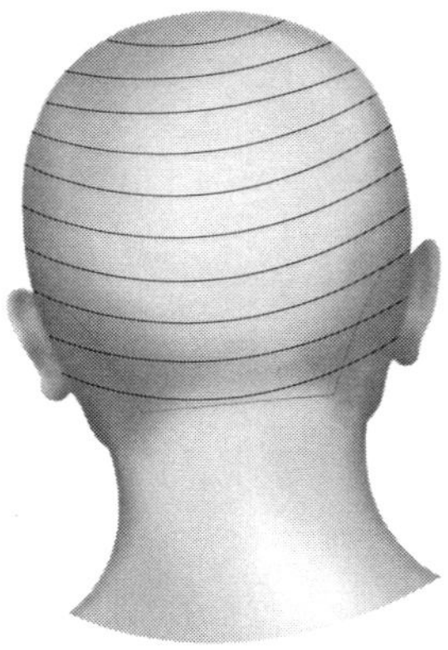

③ Left Position

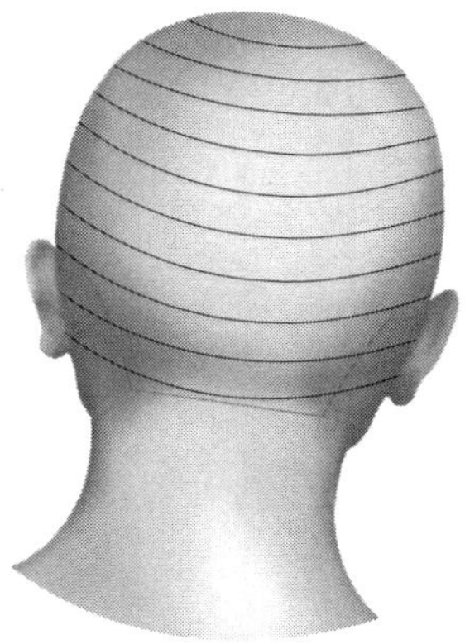

④ Right Position

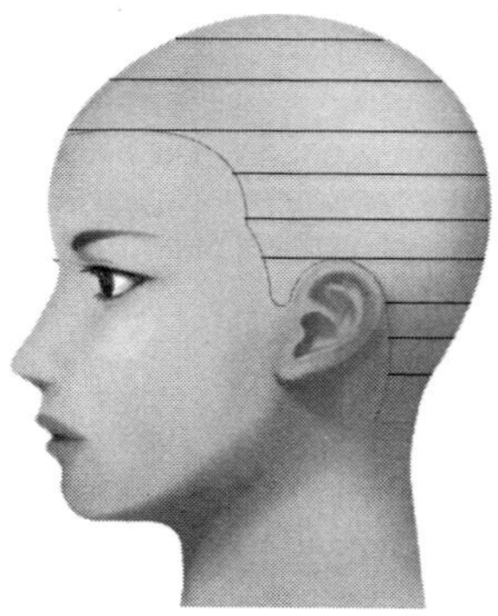

⑤ Standard Position

3. 파팅(Parting)

: cut를 정확하고 효과적으로 하기 위해 sectioning한 모발을 cut하기에 적절하게 소구분하는 것

: 분배, 손가락 위치, 디자인 라인(D/L)과 관계

: 수직 파팅, 수평 파팅, 전대각, 후대각, 피봇 파팅 등

① 수평 파팅(Horizontal Parting)

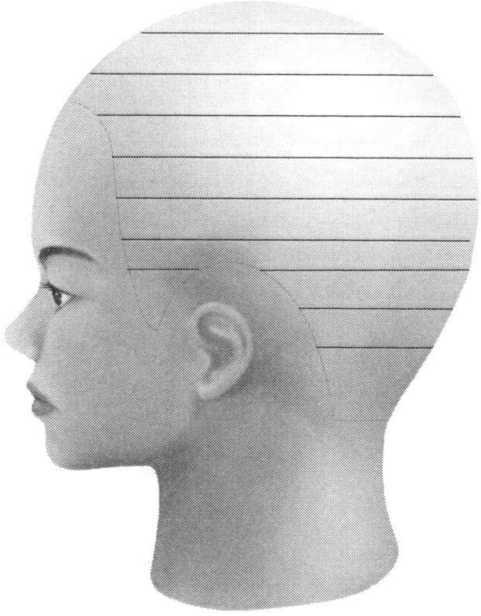

■ 아래의 헤드에 그려보거나 또는 실제 민두에 실습하여 사진을 붙여본다.

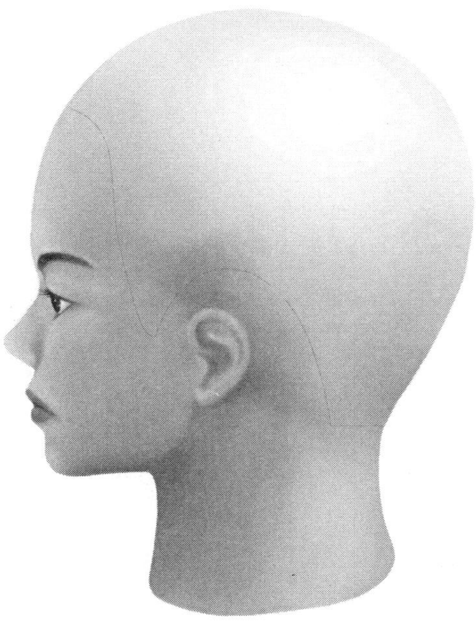

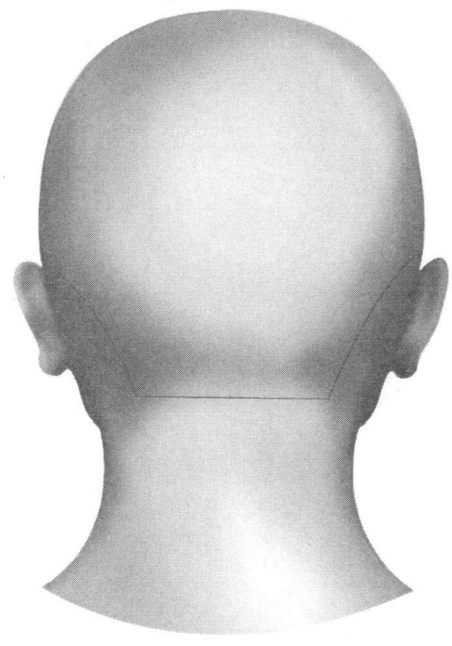

② 수직 파팅(Vertical Parting)

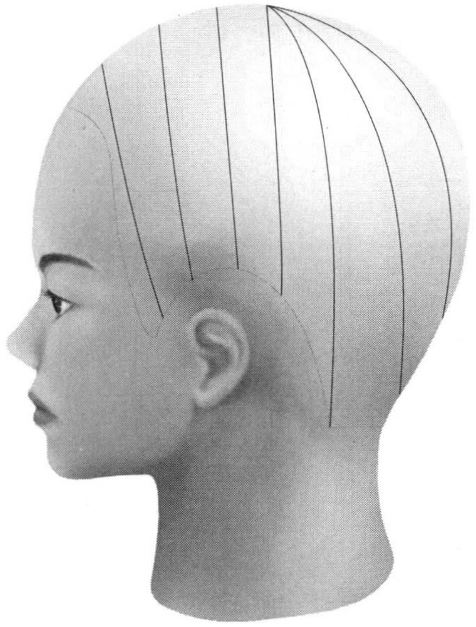

■ 아래의 헤드에 그려보거나 또는 실제 민두에 실습하여 사진을 붙여본다.

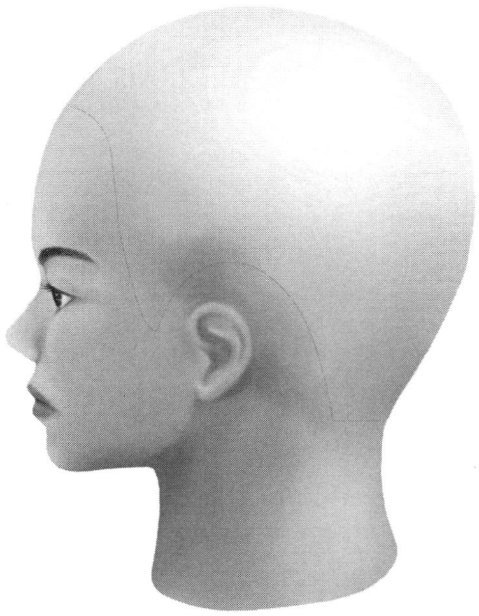

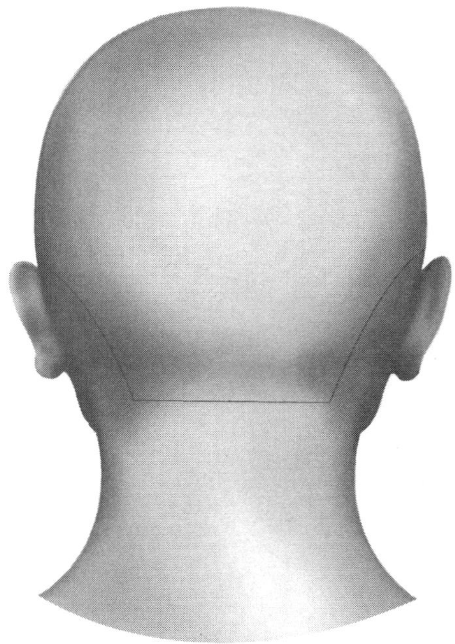

③ 전대각 파팅(Concave Parting)

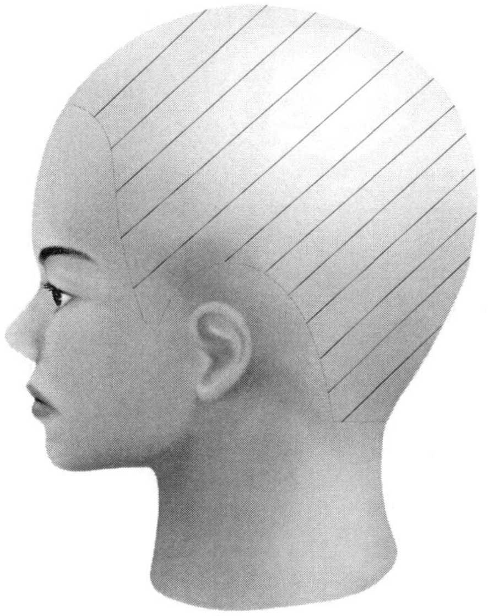

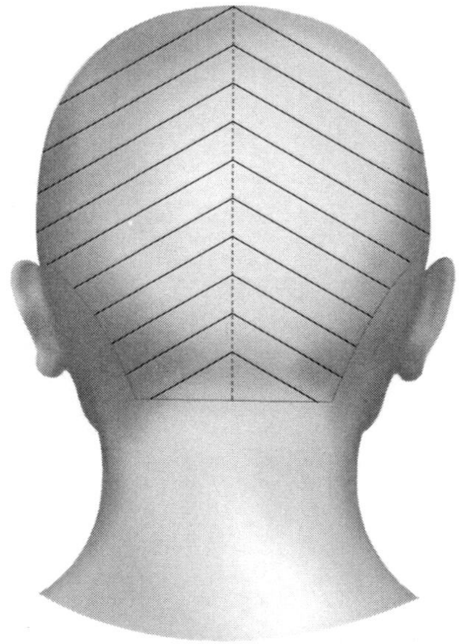

■ 아래의 헤드에 그려보거나 도는 실제 민두에 실습하여 사진을 붙여본다.

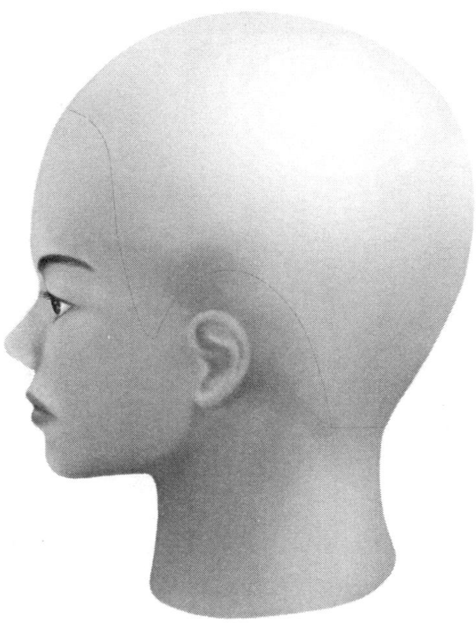

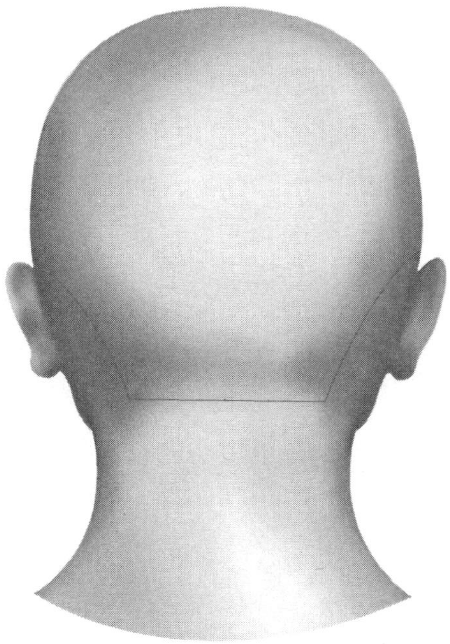

④ 후대각 파팅(Convex Parting)

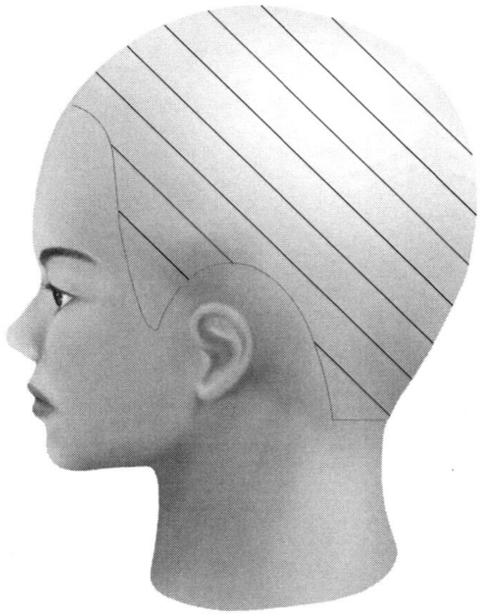

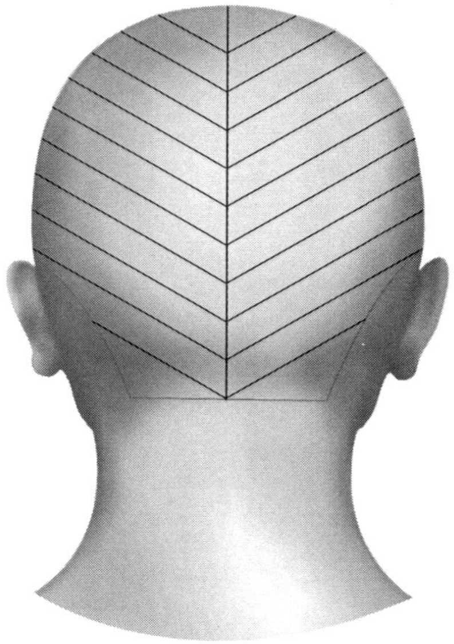

■ 아래의 헤드에 그려보거나 또는 실제 민두에 실습하여 사진을 붙여본다.

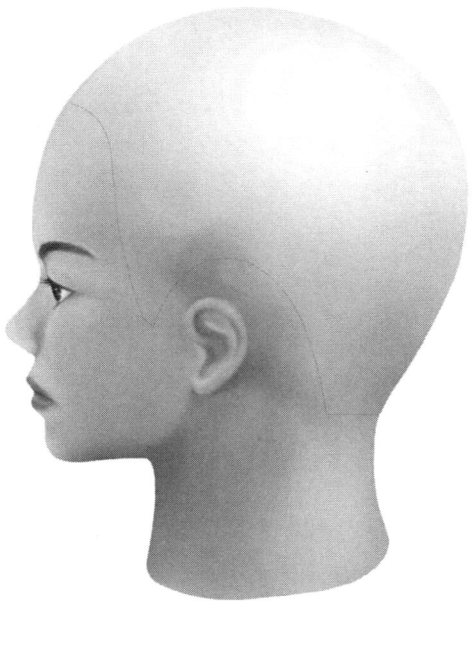

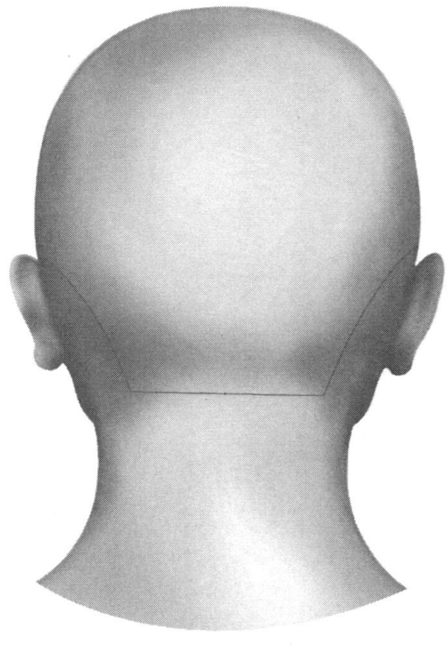

⑤ 피봇 파팅(Pivot Parting)

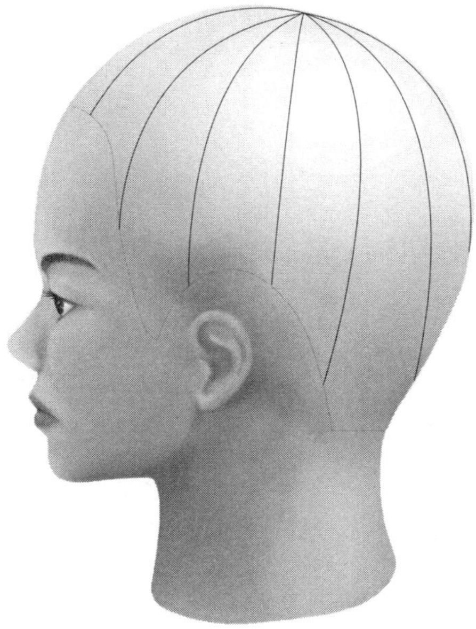

■ 아래의 헤드에 그려보거나 도는 실제 민두에 실습하여 사진을 붙여본다.

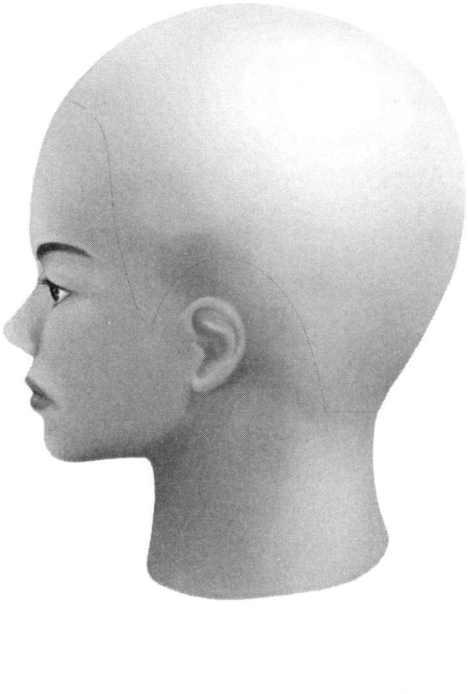

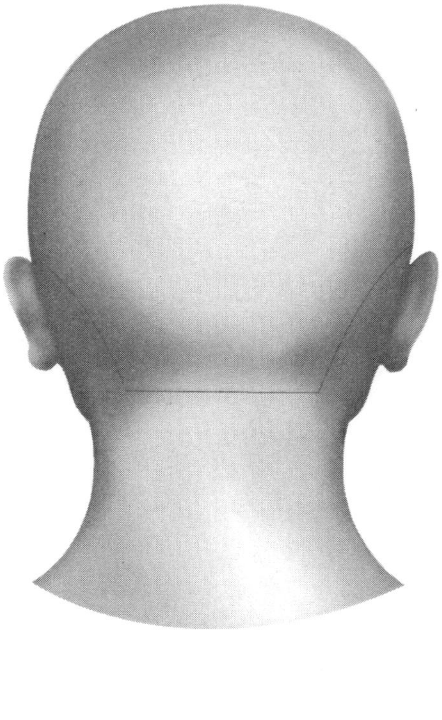

4. 분배(Distribution)

: Parting선에서 머리를 빗어 내리는 방향(빗질의 방향)

① **자연 분배**(Natural Distribution) _ 중력의 방향으로 분배(솔리드, 그래쥬에이션에 사용)

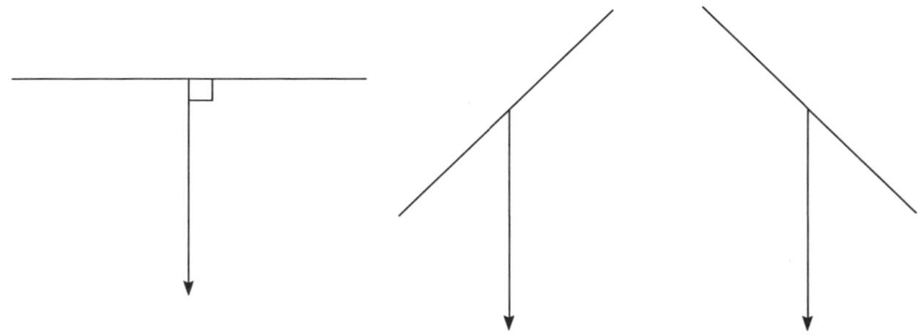

② **수직**(직각) **분배**(Perpendicular Distribution) _ 파팅선에서 직각(수직)으로 분배

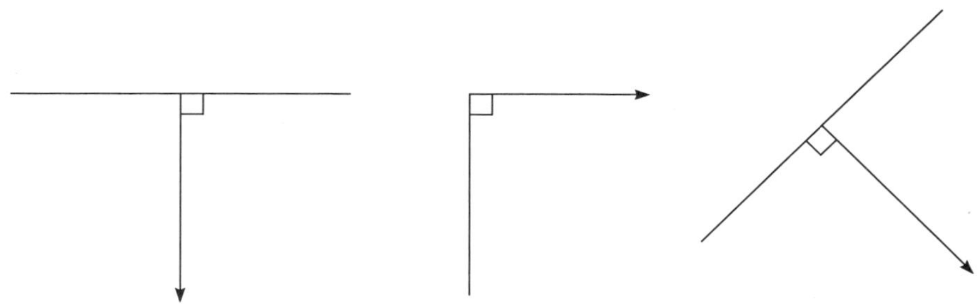

③ **변이 분배**(Shifted Distribution) _ 자연 분배, 직각 분배를 제외한 분배(긴 머리와 짧은 머리 연결할 때)

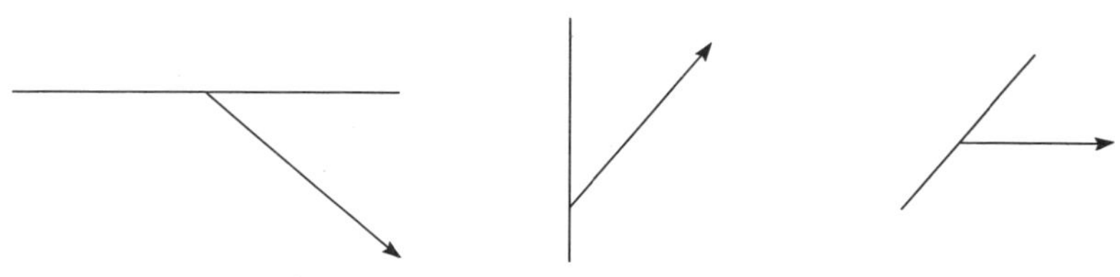

④ **방향 분배**(Directional Distribution) _ 파팅과 상관없이 한 방향으로 분배

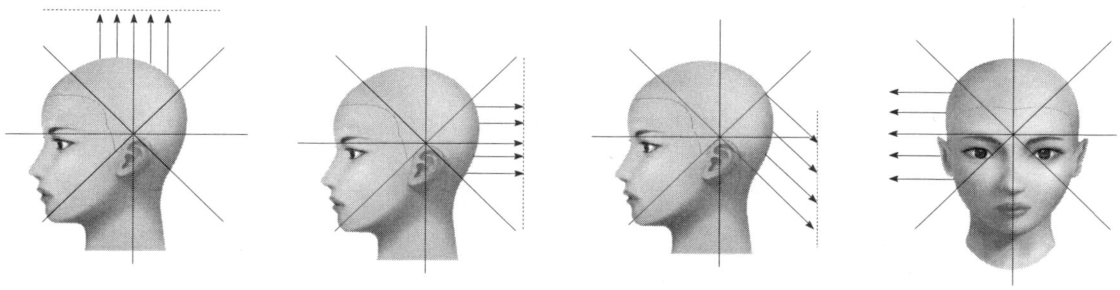

5. 시술각(Projection)

: 두상의 곡면으로부터 모발을 들어 올리는 각도

① 시술각의 종류

a) 자연 시술각(Natural Fall):

모발이 중력에 의해 자연스럽게 떨어지는 그대로의 방향을 0° (솔리드, 그래쥬에이션)

b) 일반 시술각(Normal Projection)

: 두상으로부터 모든 모발을 90°의 각도로 들어 올린 상태

: 두상의 곡면으로부터의 각도를 사용

ex) 인크리스, 유니폼

② 시술각에 따른 커트의 종류

a) 솔리드: 0°, 자연 시술각 기준

b) 그래쥬에이션: 1°~89°, 자연 시술각 기준

→ 낮은 시술각(1°~30°)

→ 중간 시술각(31°~60°)

→ 높은 시술각(61°~89°)

c) 인크리스: 0°, 45°, 90° 전환, 집중 레이어링 기법 사용, 일반 시술각 기준

d) 유니폼: 90°, 일반 시술각 기준

6. 손가락/가위 위치(Finger/Shear Position)

: base parting에 대한 손가락의 위치와 선

이때 손가락은 디자인 라인이 보이도록 위치한다.

① **평행 손가락 자세**(Parallel Finger Position)

: 기본 파팅, 손가락, 가위 모두가 평행

: 의도된 선을 가장 완벽하게 만들 수 있다.

② **비평행 손가락 자세**(Nonparallel Finger Position)

: 베이스 파팅에 대해 손가락이 비평행하게 놓인 상태

: 과장된 길이 증가, 대조되는 길이 간의 연결, 무게감 형성 조절

7. 디자인 라인(Design Line)

: 커트할 때 사용되는 머리의 모양 패턴이나 길이의 가이드
디자인 라인이 형태선이 될 수도 있다.

ex) 솔리드

고정 디자인 라인(Stationary D/L) _ 디자인 라인이 이동하지 않으며, 반대편의 길이 증가를 원할 때 사용
ex) 솔리드, 인크리스

이동 디자인 라인(Mobile D/L) _ 이동하는 디자인 라인으로 이전에 커트된 머리의 일부분을 다음 커트할 섹션의 길이 가이드로 사용
ex) 유니폼, 그래쥬에이션

다중 디자인 라인(Multi D/L) _ 전체적으로 역동적인 머리 질감을 원하지만 엑스테리어 부분의 머리 길이가 충분치 않을 때 새로운 디자인 라인을 만들어 사용
ex) 인크리스

Memo

8. 베이스(Base)

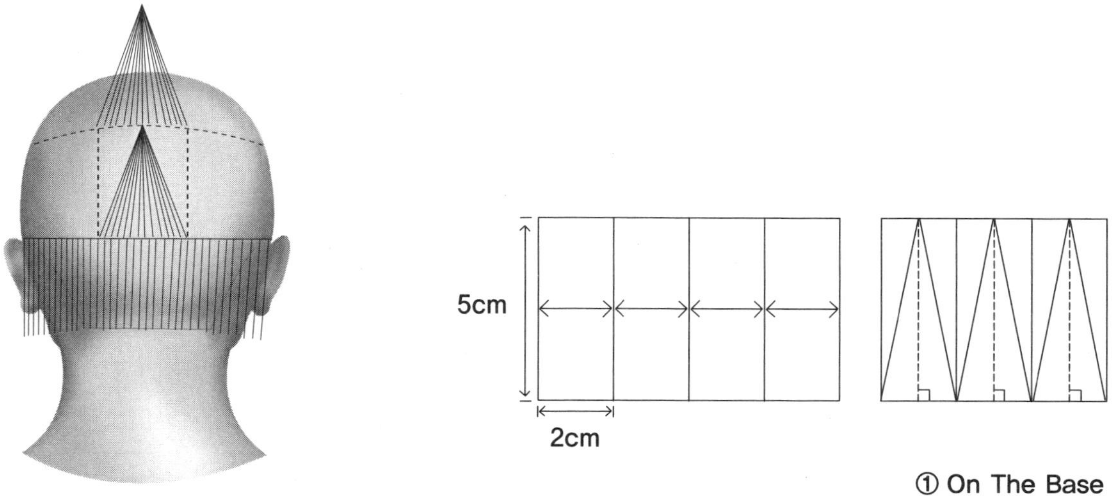

① On The Base

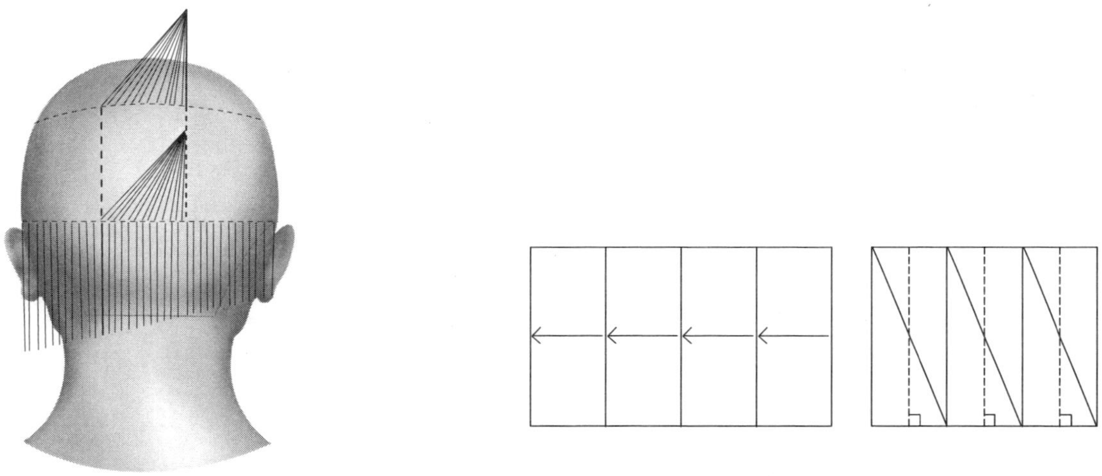

② Side base

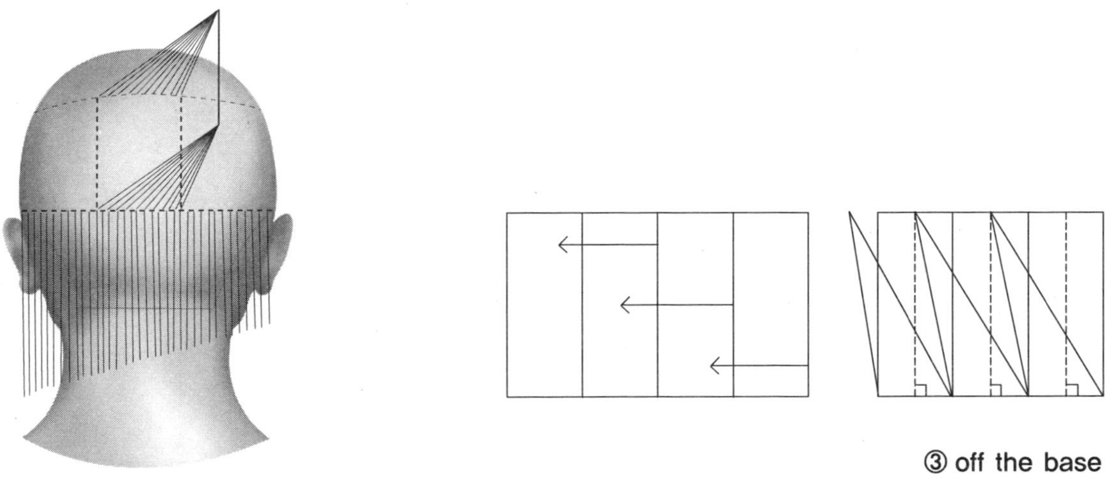

③ off the base

CHAPTER 8. 질감표현(Textureizing)

다양한 질감내기 기법이나 테이퍼링 기법은 볼륨, 방향감, 생동감, 질감, 부피감을 준다.
razor를 사용하는 기법 외의 기법은 마른 모발에 시술하는 것(dry cut)을 원칙으로 한다.
일반적으로 시술 부위는 모근, 중간, 끝 부분 등이 있다.

■일반적 시술부위
-모근: 모발의 양을 제거하는 목적
-모발 중간: 볼륨감과 방향감이 목적
-모발 끝: 형태선의 표현. 가벼움과 부드러운 연결이 목적

1. 형태선 테이퍼링(Form Line Tapering)

: 모발의 끝부분에 시술
: 형태선을 따라 질감을 만들고 끝머리를 없애주어 부피감은 줄고 생동감(운동감)이 생김
: 무게선(형태선)들을 부드럽고 자연스럽게 연결해줌

1) 겉마름 기법(Bevel-up)

: razor날을 머리 표면에 놓고 시술 모발 끝이 위쪽으로 잘 올라오게 만듦
: 시술각이나 압력은 원하는 시술 결과에 따라 조절함
: 모발 끝이 얇아져 힘이 없어짐
: 젖은 모발에 시술

2) 안(속)마름 기법(Bevel-under)

: razor날을 섹션 뒤에 놓고 곡선을 그리듯이 움직여 머리끝이 안쪽으로 잘 말려 들어가게 함
(칼날 → 보호날 → 머리카락 순으로)
: 날이 모발 쪽으로 누운 상태에서 굴리듯이 시술
: 모발 끝이 얇아져 힘이 없어짐
: 젖은 모발에 시술
: 틴닝 가위 사용 시 형태선과 평행으로 커트하면 안 됨 → 지그재그 시술

3) 나칭(Notching)

: 불규칙한 디자인 선을 만들어 무게감이 제거된 가벼운 형태 선을 만듦

: 마른 모발에 시술하는 것(dry cut)을 원칙으로 함

: cut 느낌을 나타낼 때 _ 45°

: 질감을 부드럽게 나타낼 경우 _ 각도를 크게, 모발과 날이 일직선

4) 포인팅(pointing): 끝이 더 부드러움

: 가위 끝을 사용해 모발 끝의 길이를 불규칙하게 만듦

: 손가락의 위치나 pointing의 횟수에 따라 가늘어지는 모발 끝의 양이 달라짐

: 마른 모발에 시술하는 것을 원칙으로 함

5) Feather 기법(깃털)

: 모발의 끝이 깃털처럼 부드러우며 움직일 때는 강한 느낌

: 마른 모발에 시술하는 것을 원칙으로 함

: round strock 기법

: 모발의 안쪽에서 밖으로 시술

: 모발 끝의 함은 그대로 유지

6) strock 기법

: 모발의 밖에서 안쪽으로 시술

: 모발 끝의 함은 그대로 유지

: 마른 모발에 시술하는 것을 원칙으로 함

2. 확장 테이퍼링(Expansion Tapering)

: 모근 부위나 중간에 사용하며 확장, 볼륨감, 방향감을 줌

: 전체적으로 무게감을 제거하고 짧은 머리가 긴 머리를 받쳐주어 머리가 두상으로부터 뜨게 만듦

1) 테이퍼 가위를 사용한 머리카락 테이퍼링

: 머리형의 확장과 볼륨감을 만든다

2) 슬라이싱(Slicing)

: 머리 표면을 따라 가위를 벌리고 미끄러지듯 처리

: 가위 벌린 정도에 따라 질감의 양이 조절

: 젖은 모발에 시술을 원칙으로 함

: 모발의 안쪽에서 밖으로 미끄러지듯이 시술

: 모발의 방향감이 생김

3) 중간가닥 포인팅

: dry cut시술

: 모발의 중간 모근 부근에서 찍어 내리듯이 시술

: 가위와 분배선이 평행(일직선)이 되도록 시술

4) 중간가닥 나칭

: dry cut시술

: 모발 중간, 모근 부위에서 가윗날을 모발과 평행되게 나칭하면서 자르는 선

3. 윤곽 테이퍼링(Contour Tapering)

: 모발의 중간과 끝 부분에 시술

: 부피감을 줄이고 모발을 두상에 밀착

: short, medium style에 많이 사용

: 외각 형태를 다듬어 줄 때 사용

1) razor 회전법

: 무게감을 줄이고 부위를 연결하거나 두상의 윤곽에 따라 모발을 밀착시킬 때 razor와 빗을 머리를 따라 회전

: 밀착감과 모발이 쏠리게 하고 싶은 방향으로 날과 모발은 90°

2) Razor Arcing

- wet cut
- 호를 그리듯 모발의 밑(안쪽)에서 밖으로 cut 시술
- 칼날의 각도: 45°
- 약간의 안마름 효과
- 칼날이 모발에 닿도록 시술
- cut line의 표현

3) Razor Etching

- wet cut
- 모발의 표면을 깎아 내는 cutting 기법

- 약간의 겉마름 효과
- 보호날이 모발의 표면에 닿도록 시술
- cut line을 표현

※ RAZOR CUT

① **특징**
- 반드시 wet cut
- 모발의 길이, 양, 흐름에 따라 다양한 기술
- 모발을 taper하여 겹침에 따라 변화가 생겨 부드럽고 가벼운 질감
- 가벼운 움직임(질감)을 자유자재로 표현
- 디자인상 불필요한 모발의 양을 제거
- 능률적

② **단점**
- 과도하게 자를 위험
- 모발의 표면을 문질러 모발 손상의 우려
- 모발이 잡아 당겨지고 어긋나기 쉬워 고통을 줄 수 있음
- 초보자에게 기술적(힘 조절)으로 어려움
- 조작상의 위험성

③ **방향성에 의한 Tapering**
- right side direction: 왼쪽이 길어지는 사선
- left side direction: 오른쪽이 길어지는 사선
- out-side taper: 아래쪽 모발이 길게, 위쪽 모발이 짧게
- inside taper: 아래쪽 모발이 짧게, 위쪽 모발이 길게

④ **이용**
- 끝 부분을 가볍게
- 부드러운 선을 표현 할 때
- 모발량을 조절할 때
- 모발에 볼륨감을 줄 때

⑤ **razor날의 각도**
- 0°, 10°~ 20°: 아주 가볍게 보이기 위한 touch 효과, 가늘고 뾰족한 느낌(질감선)

- 90°: 밀착감, 부드러움(질감선)
- 45°: 직선적인 cut 효과, 모발의 끝이 미세하고 부드러운 느낌(커트선)

Memo

CHAPTER 9. 솔리드 형 개요

: 원랭스라고도 하며, 모든 모발의 길이가 한 선에서 떨어지는 형태

1. 모양(Shape)

: Top _ 두상의 곡면 모양으로 떨어짐 → 종모양

: 무게 중심의 결과 각진 모양

: 엑스테리어에서 인테리어로 갈수록 길어지는 형태

: 모든 모발은 한 level(높이)에서 떨어진다.

2. 구조(Structure)

: 엑스테리어에서 인테리어로 갈수록 길어지는 형태

3. 질감(Texture)

: 언엑티베이티드 _ 매끈하고 끊어지지 않는 선
매끈한 질감만 보이고 cut선이 보이지 않음

4. 디자인 라인(Design Line)

: 고정 D/L, 수평, 대각, 직선이나 곡선에 혼합형을 주로 사용

5. 머리 위치(Head Position)

: 일반적으로 똑바로 세움 → 숙였을 경우 속마름 형

6. 섹셔닝(Sectioning), 파팅(Parting)

: 디자인 라인에 평행이 되게 커트함

7. 분배(Distribution)

: 자연 분배
두상의 top부분은 모발의 성장 패턴을 잘 고려하여야 함

8. 시술각(Projection) - Natural Fall(0°)

9. 손가락 자세(Finger Position)

: 디자인 라인(결과선)에 평행이 되게

10. 손, 가위 위치(Hand/Shear Position)

: 디자인 라인에 대해 손가락, 가위 모두 평행 유지

11. 텐션(Tension)

: 사용하지 않음

12. 콤 컨트롤(Comb Control)

: 머리 길이를 커트할 때 텐션을 최소화하기 위해 빗을 사용
: 디자인 라인, 빗, 가위 모두가 평행

13. 감각커팅(Free Hand)

: 손가락이나 다른 어떤 도구를 사용하지 않고 커트하는 방식 → 텐션 방지

14. 곱슬머리(Curly Hair)

: Over Lapping 테크닉 사용
: 형태선은 가위 끝으로 정리

■ SOLID CUT시 주의할 점

a) 머리 위치 _ 똑바로 세움
   숙였을 경우 → 속마름(안마름), 겉이 길어짐
   뒤로 들었을 경우 → 겉마름

b) 손가락 자세 _ 뒤집지 말 것 → 겉마름, 단차 발생

c) No Tension(균일한 Tension)

d) Natural Fall _ 모발을 모아 잡거나 눌러 빗으면 안된다

e) 빗질 _ 빗의 각도는 두상의 곡면에 직각 → 텐션 방지

f) Cut절차 _ 손가락, 가위 위치 평행 → parting line에 평행

Memo

CHAPTER 10. 그래쥬에이션 형의 개요

Graduation VS Gradation

Graduation _ 급격히/과감히 변화하는 여성 cut단차

⇓

Gradation _ 섬세한 단차, 미세하게/변화하지 않는 듯/연결시키는 단차
남성 cut단차, clipper 시술, singling

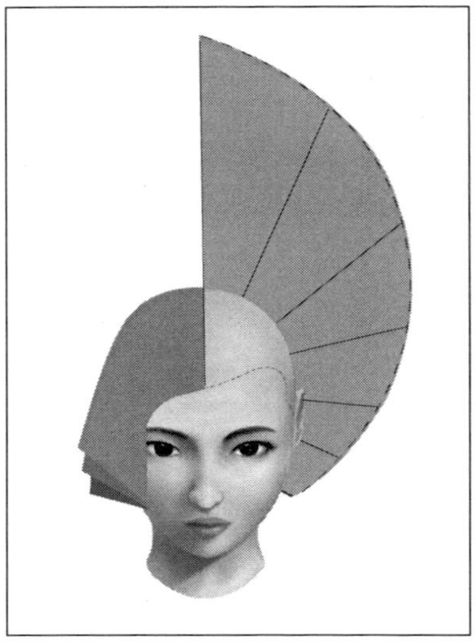

1. 모양(Shape)

: 삼각형/각진형
wave/curly hair에는 넓이가 강조된다.
시술각에 따라 낮은, 중간, 높은 형태가 결정한다.

2. 구조(Structure)

: 엑스테리어의 짧은 머리가 인테리어로 갈수록 점진적으로 길어지는 형

3. 무게(Weight)

: 모든 머리들이 집중하는 형태선의 외각에 생김

릿지 라인 → 무게선이 연장된 곳 → parting line과 일치

무게지역 _ 머리 모양의 가장 넓은 모서리 부분

무게선 _ 가장 긴 머리 가닥이 떨어지는 곳에 생김

확대/확장 지역 _ 무게 지역이 확장된 지역

볼륨을 주고 싶은 곳 _ graduation을 넣어줘야 함

4. 질감(Texture)

① **혼합형** _ unactivated(인테리어) + activated(엑스테리어), 스트레이트 머리일 경우 머리 질감의 대조를 보인다.

② **능선**(Ridge Line) _ 디자인에서 시각적으로 cut된 모발 끝이 보이는 머리 질감과 그렇지 않은 머리 질감을 구분하는 선.
릿지 라인이 올라갈수록 층난 폭이 커진다.

5. 디자인라인(Design Line)

: 고정 D/L, 이동 D/L

6. 머리 위치(Head Position)

: (일반적으로)똑바로 세움, 시술 부위에 따라 다름

7. 파팅(Parting)

: 의도한 형태선과 평행
수직 Parting은 예외로 어떠한 형태선에도 사용 가능
: 손가락 위치가 평행이 아니어도 되고 변이 분배여도 됨

8. 분배(Distribution)

: 다양한 graduation을 위해
자연 분배 + 시술각 ⇒ 단차 발생
직각 분배 _ 시술각 없이도 단차 생김
변이 분배 _ 머리를 분배하는 반대쪽이 길이가 증가하나 층은 감소한다.

9. 시술각(Projection)

: 자연 시술각 적용
중간 시술각(약 45˚)이 표준각으로 사용 → 표준 시술각
각도를 드는 만큼 층의 단차가 커짐
ex) 60˚ → 6cm , 45˚ → 4.5cm
① **Law 시술각** _ 1˚ ~ 30˚
② **Medium 시술각** _ 31˚ ~ 60˚
③ **High 시술각** _ 61˚ ~ 89˚

④ 다양한 시술각의 혼합

※경사선: 자연 시술각 상태에서 cut된 처음 line과 처음으로 들어준 시술각이 있는 section 사이에 만들어지는 선

10. 손가락 위치(Finger Position)

: Base Parting과 평행

※Graduation형에서 무게 지역을 부드럽게 처리하는 것이 바람직하다.

→ 무게선의 코너를 제거

※압력 Graduation _ 젖은 모발에 압력을 주어 마르면 약간의 층이 생기는 것

Memo

CHAPTER 11. 인크리스 레이어 형의 개요

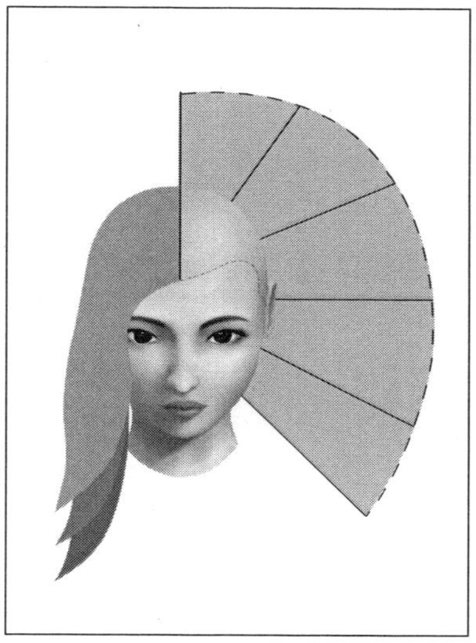

1. 모양(Shape)

: 길게 늘어진 타원형/상하로 연장된 모양

2. 구조(Structure)

: 짧은 인테리어에서 긴 엑스테리어로 전진형

→ Interior에서 Exterior로 가면서 길어지는 형

3. 질감(Texture)

: Activated

: Interior 부분을 길게 남겨두면 긴 Layer가 생김

: wave, curl진 모발에서 길이 감소를 고려하여 시술

: Top 부분의 짧은 길이가 volume을 준다.

cf. 언엑티베이트한 느낌이 나는 경우

a) G/L과 Top 쪽이 길 때

b) G/L이 앞쪽에 있을 때

c) 다중 D/L 일 때

4. 머리 위치(Head Position)

: 똑바른 형을 가장 많이 씀

→ 일반 시술각을 이용하기 때문에 H/P을 어떻게 해도 무관 but 처음 H/P을 시술 끝까지 그대로 유지하는 게 좋다.

→ Long Increase Layered Form을 자를 때 고개를 앞으로 숙이면 쉽게 control할 수 있다

5. 디자인 라인(Design Line)

: 고정 D/L사용

→ 집중 레이어링 / 전환형 레이어링

→ 길이 증가를 원하는 반대 방향에 고정 DL을 정해서 모발을 한곳에 집중시킨다는 의미

→ 이는 집중을 시킨 반대 방향으로 모발이 길어지며 진행된다.

6. 파팅(Parting)

: 수직, 수평, 대각 parting 등 사용

→ Parting과 반대방향의 design결과가 나타난다.

→ 전대각 parting → 후대각 parting으로 디자인 결과가 나타난다.

※ parting 패턴과 질감폭의 차이

패턴: 多 少

질감폭: 수평 > 대각 > 수직

: 질감폭 多 → 시술각이 낮을수록 → G/L이 짧을수록

→ 손가락 위치가 비 평행일 때 → 수직 parting일 때

7. 분배(Distribution)

: 직각 분배(변이 분배-slid)

평 행	비 평 행
같은 길이 유지	질감폭이 더 넓어지고 머리 길이도 더 길어짐

8. 시술각(Projection)

: 일반 시술각 적용을 원칙으로 한다.

→ 내가 원하는 반대 방향의 시술각을 이용

→ P/P에서는 0°와 90°만 존재

→ 0°, 45°, 90° ⇒ 고정 D/L

→ 시술각이 낮아질수록 반대쪽의 모발은 길어지며 질감폭도 많아진다.

9. 손가락/가위 위치(Finger / Shear Position)

10. 단일/다중 디자인라인(Design Line)

: 머리 전체에 activated한 질감을 원하나 exterior의 모발이 고정 D/L에 닿기에 충분치 못할 때 사용

: 모발 길이 증가량 변화에 따라 Increase Layered Form의 길게 늘어진 타원형의 모습이 감소한다.

: 처음 G/L의 각도와 상관없이 2, 3번째 D/L의 각도는 무조건 90°로 한다.

: Increase 느낌을 유지하고 싶으나 길이가 짧을 때

: 다중이 많이 잡힐수록 뚱뚱한 느낌이 들며 동그란 느낌이 생긴다

Memo

CHAPTER 12. 유니폼 레이어형의 개요

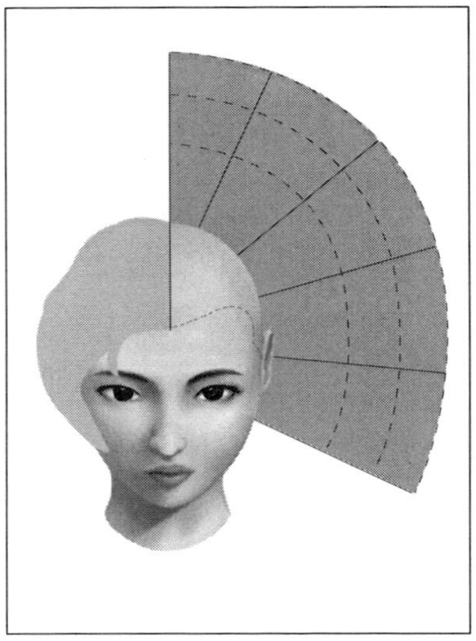

1. 모양(Shape)

: 원형 두상의 곡면과 평행 → 원형 모양
다른 레벨에 떨어지지만 각각은 동일한 길이/레벨을 가진다.

2. 구조(Struacture)

: 모든 길이가 동일함

→ Interior와 exterior 모두 동일한 레벨 구조임

→ 길이의 반복으로 인해 무게감이 형성되지 않음

→ 짧거나 중간길이에 많이 사용

3. 질감(Texture)

: 100% 엑티베이트

→ perm 머리일 경우 더 많은 질감 효과와 볼륨, 일체감을 높일 수 있다

→ cut시 길이 감소에 유의

4. 머리 위치(Head Position)

: 똑바른 형이 많이 쓰이나 다양한 자세 사용 가능

5. 파팅(Parting)

: 수직, 수평, 피봇 파팅

→ 너무 큰 파팅을 사용하면 정확한 시술각 사용이 어렵다

→ side는 수직 back은 pivot을 가장 많이 사용
느낌이 부드럽기 때문

→ 수평 파팅은 가로선의 line이 살짝 생김

6. 분배(Distribution)

: 직각분배(base parting으로부터 parting line과 직각분배)

7. 시술각(Projection)

: 두상의 곡면으로부터 평행하게 시술

→ 일반 시술각

8. 손가락 위치(Finger Position)

: 두상의 곡면으로부터 평행

→ 시술시 손가락이 두상으로부터 일정한 간격을 유지해야 함

→ 손가락 두 번째 마디까지만 cut해 일정한 텐션 유지

→ 평평한 두상 부위에는 비평행 손가락 자세를 사용하여 결점을 보완함

9. 디자인 라인(Design Line)

: 100% 이동 D/L

10. 유니폼의 무게(Uniform' s Weight)

■ 4가지 기본형

기본형	솔리드 (Solid)	그래쥬에이션 (Graduation)	인크리스 (Increase-Layer)	유니폼 (Uniform-Layer)
모양				
질감				
구조				
특징				

Portfolio

- Excercise -

Hair Design Process

	커트절차	Zone(A)	Zone(B)	Zone(C)	Zone(D)
		Back	Side	Side	Side
1					
2					
3					
4					
5					
6					
7					
8					
9					

Memo

NAME		일 시	년 월 일
디자인			

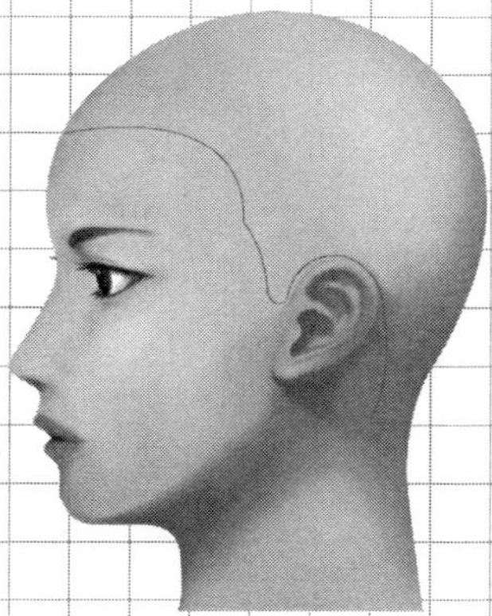

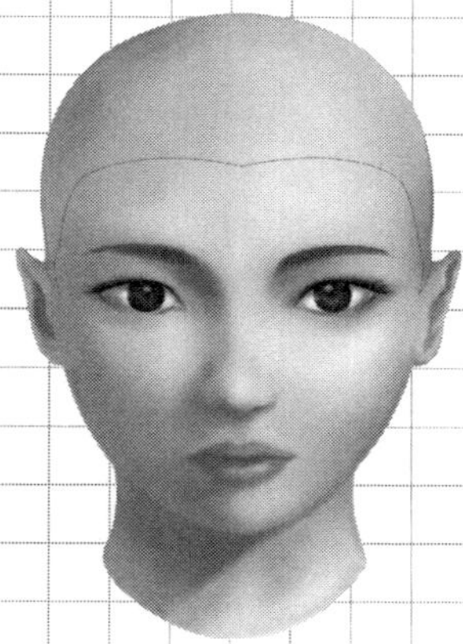

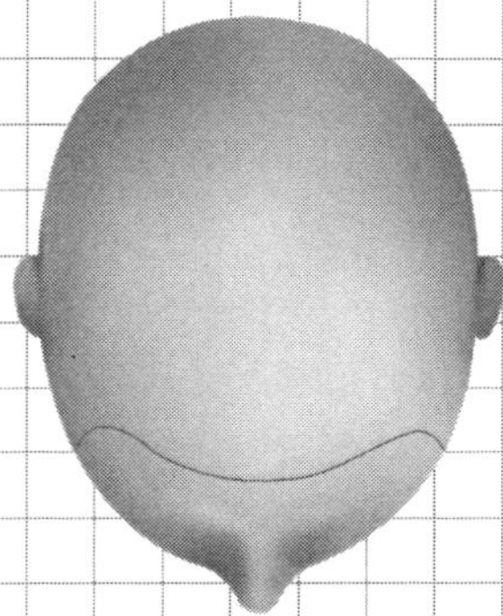

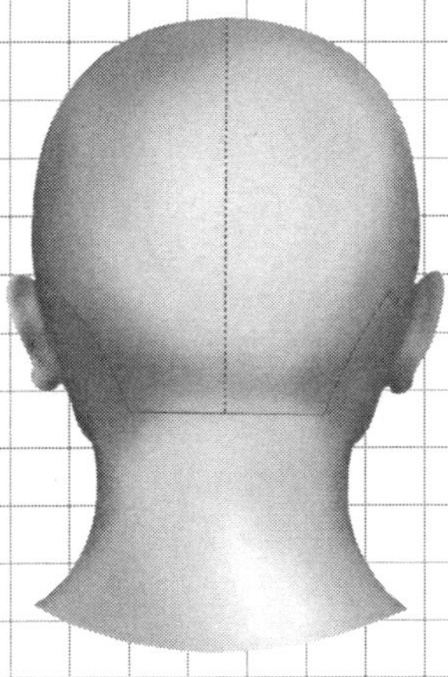

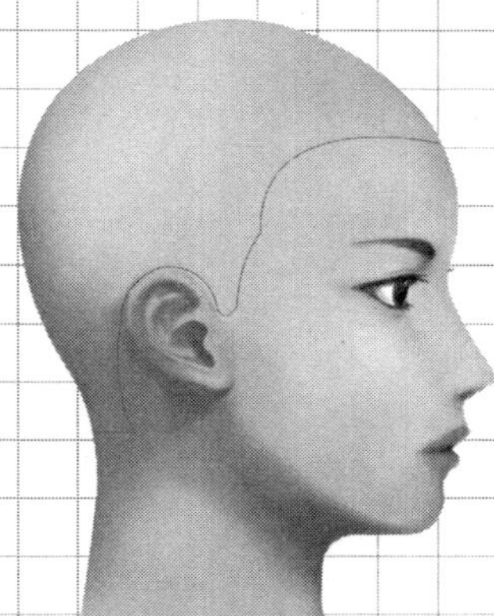

커트 시술한 사진을 붙여 봅시다.	
앞	뒤
좌	우

커트 시술 후 블로우 드라이를 한 사진을 붙여 봅시다.	
앞	뒤
좌	우

커트한 작품의 사진을 찾아 스크랩 합니다.

IMAGE MAP

Hair Design Process

	커트절차	Zone(A)	Zone(B)	Zone(C)	Zone(D)
		Back	Side	Side	Side
1					
2					
3					
4					
5					
6					
7					
8					
9					

Memo

NAME		일 시	년 월 일
디자인			

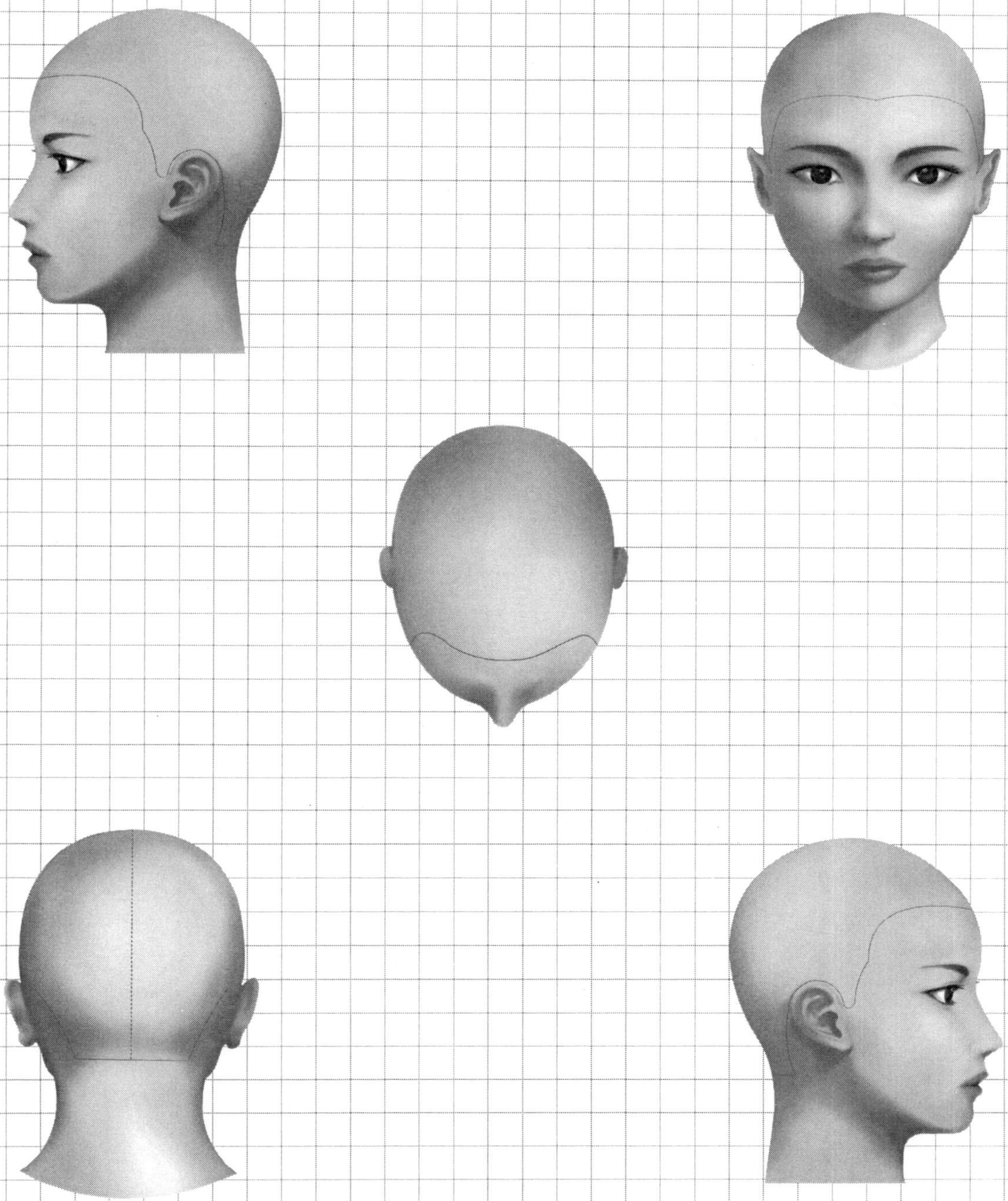

커트 시술한 사진을 붙여 봅시다.

앞	뒤
좌	우

커트 시술 후 블로우 드라이를 한 사진을 붙여 봅시다.

앞	뒤
좌	우

커트한 작품의 사진을 찾아 스크랩 합니다.

IMAGE MAP

Hair Design Process

	커트절차	Zone(A)	Zone(B)	Zone(C)	Zone(D)
		Back	Side	Side	Side
1					
2					
3					
4					
5					
6					
7					
8					
9					

Memo

NAME		일 시	년 월 일
디자인			

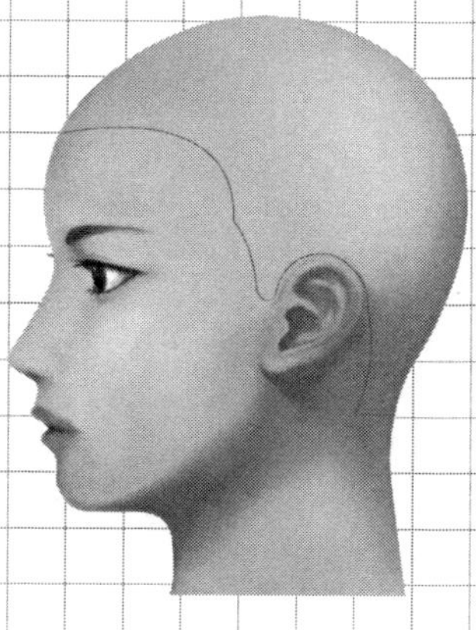

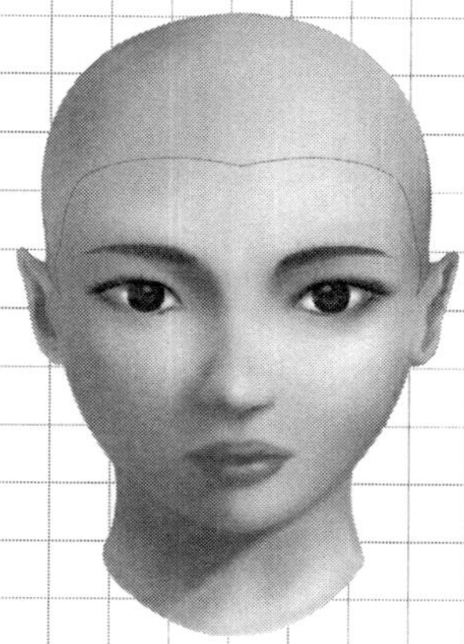

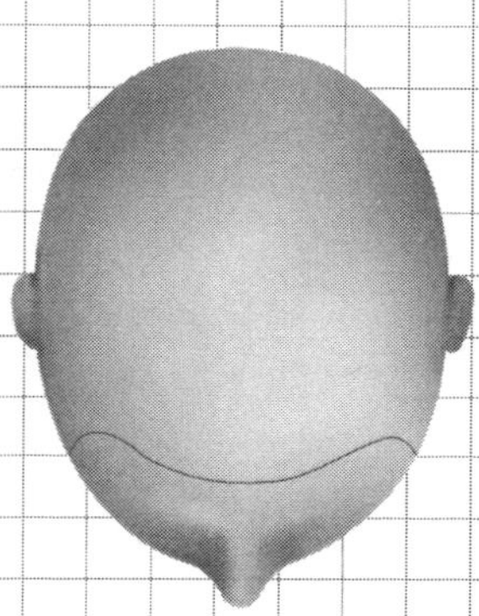

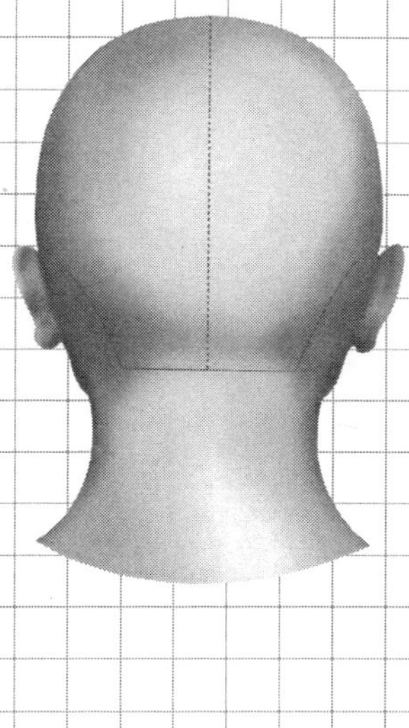

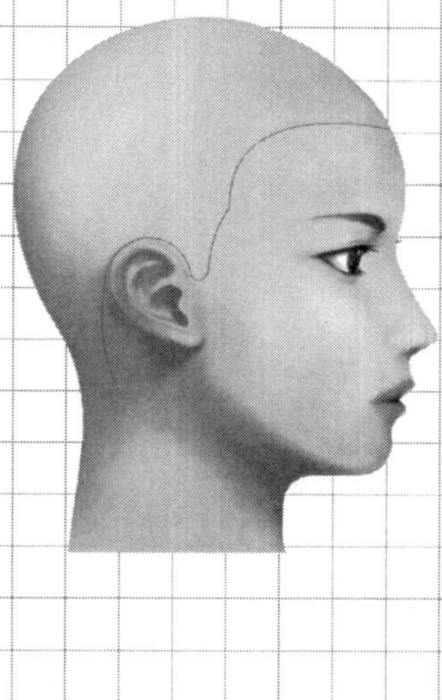

커트 시술한 사진을 붙여 봅시다.

앞	뒤
좌	우

커트 시술 후 블로우 드라이를 한 사진을 붙여 봅시다.

앞	뒤
좌	우

커트한 작품의 사진을 찾아 스크랩 합니다.

IMAGE MAP

Hair Design Process

	커트절차	Zone(A)	Zone(B)	Zone(C)	Zone(D)
		Back	Side	Side	Side
1					
2					
3					
4					
5					
6					
7					
8					
9					

Memo

NAME		일 시	년 월 일
디자인			

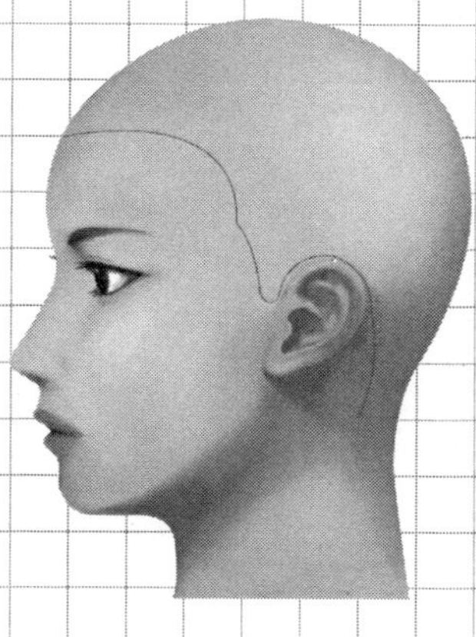

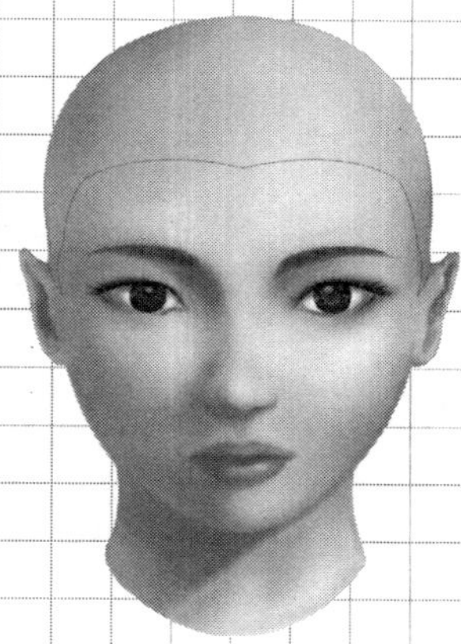

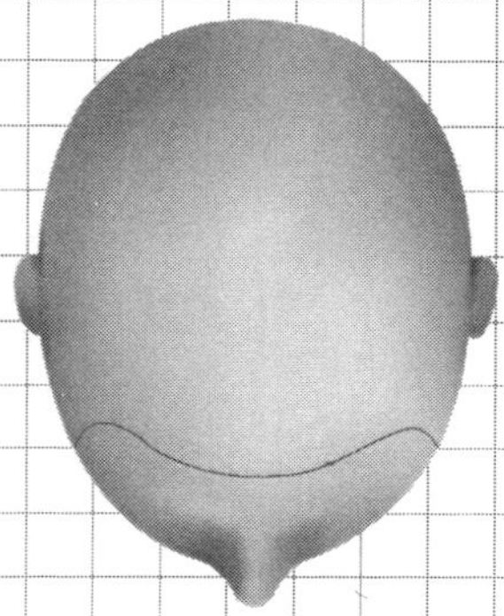

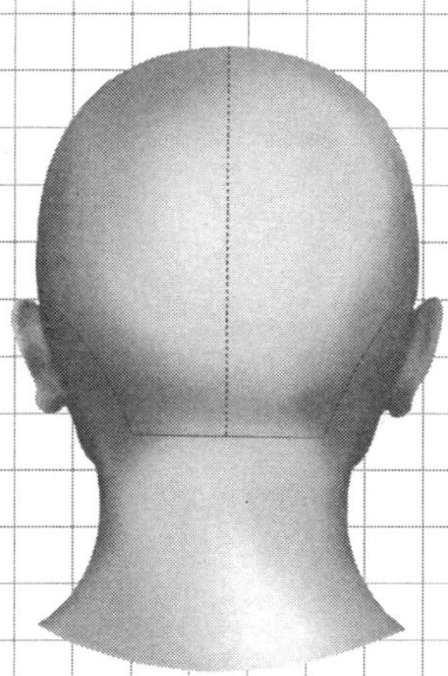

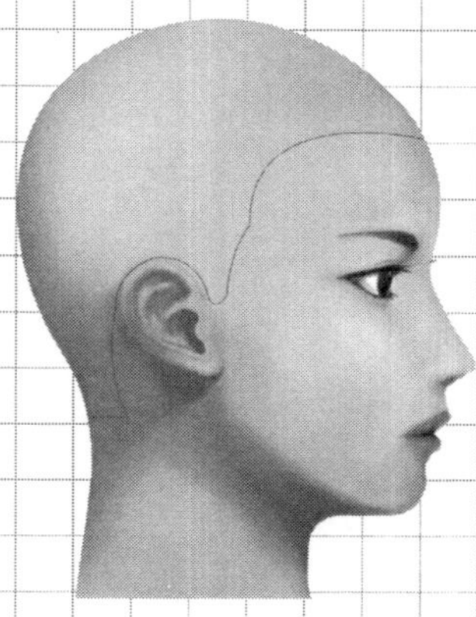

커트 시술한 사진을 붙여 봅시다.

앞	뒤
좌	우

커트 시술 후 블로우 드라이를 한 사진을 붙여 봅시다.

앞	뒤
좌	우

커트한 작품의 사진을 찾아 스크랩 합니다.

IMAGE MAP

Hair Design Process

	커트절차	Zone(A)	Zone(B)	Zone(C)	Zone(D)
		Back	Side	Side	Side
1					
2					
3					
4					
5					
6					
7					
8					
9					

Memo

NAME		일 시	년 월 일
디자인			

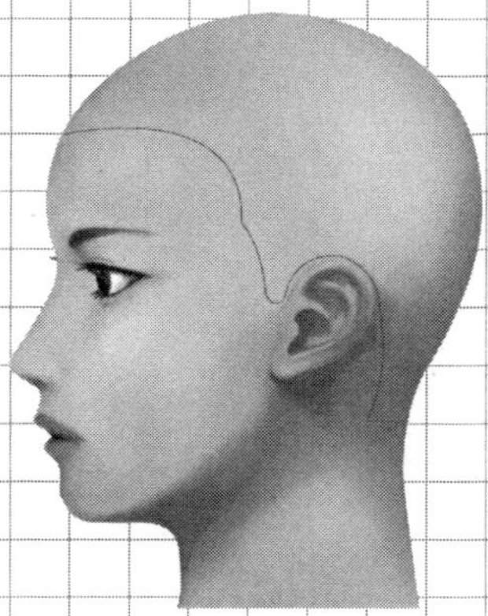

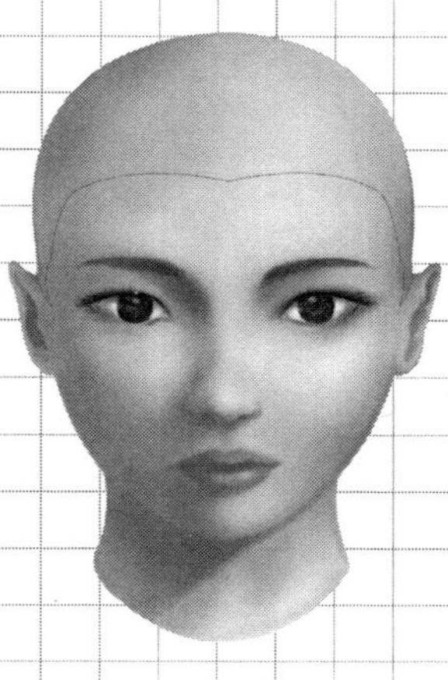

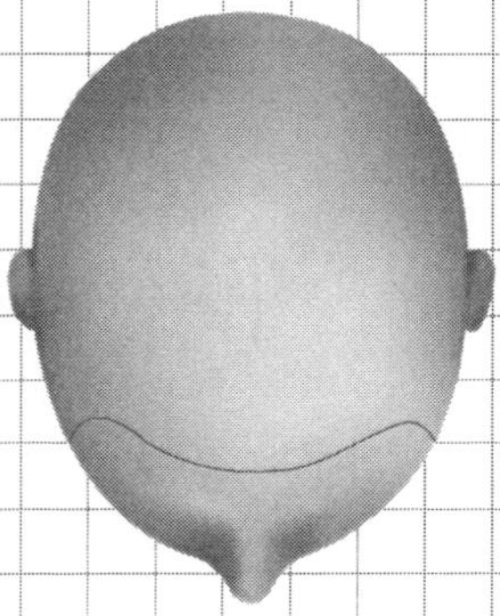

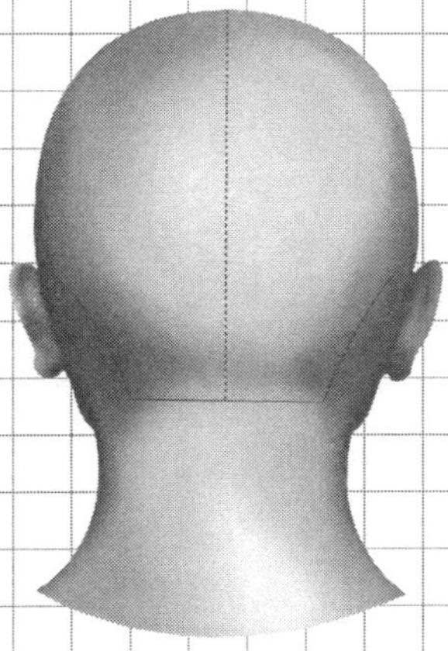

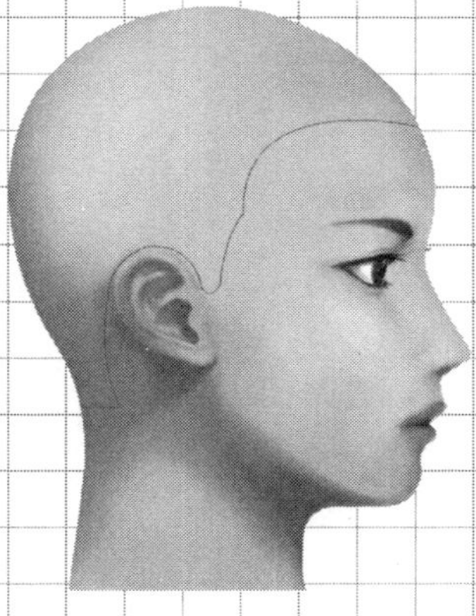

커트 시술한 사진을 붙여 봅시다.	
앞	뒤
좌	우

커트 시술 후 블로우 드라이를 한 사진을 붙여 봅시다.	
앞	뒤
좌	우

커트한 작품의 사진을 찾아 스크랩 합니다.

IMAGE MAP

Hair Design Process

	커트절차	Zone(A) Back	Zone(B) Side	Zone(C) Side	Zone(D) Side
1					
2					
3					
4					
5					
6					
7					
8					
9					

Memo

NAME		일 시	년 월 일
디자인			

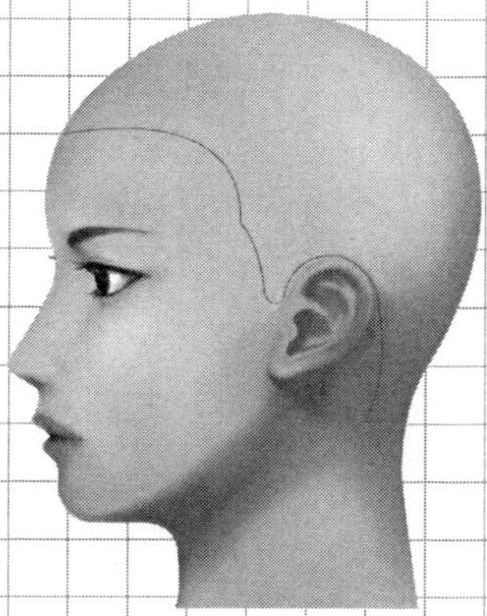

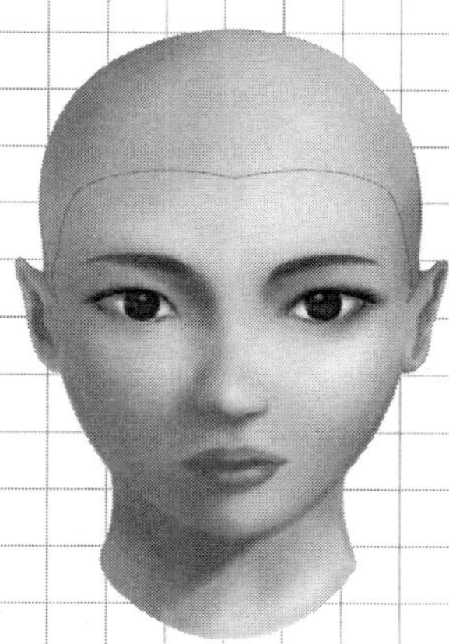

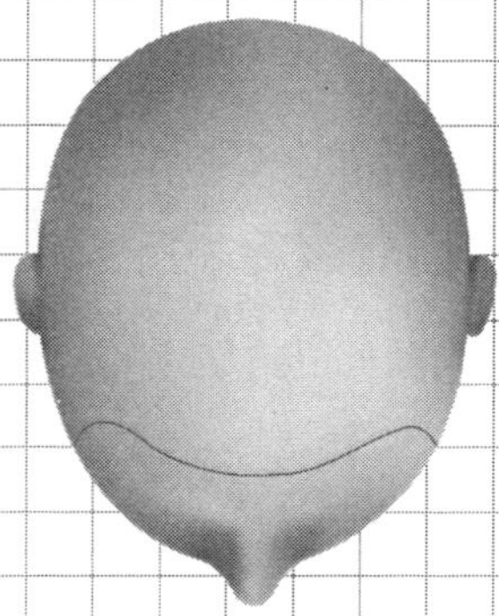

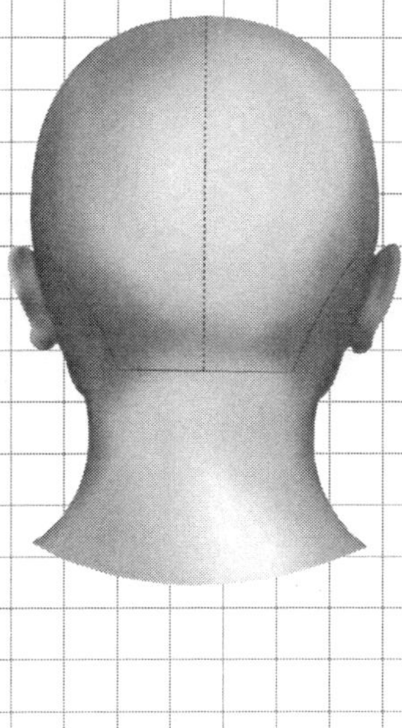

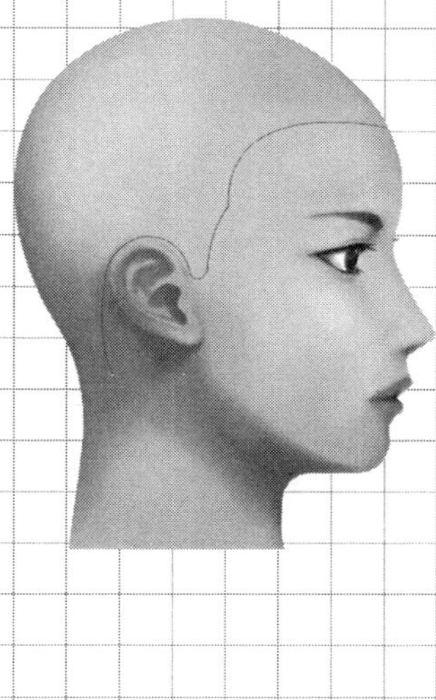

커트 시술한 사진을 붙여 봅시다.

앞	뒤
좌	우

커트 시술 후 블로우 드라이를 한 사진을 붙여 봅시다.

앞	뒤
좌	우

커트한 작품의 사진을 찾아 스크랩 합니다.

IMAGE MAP

Hair Design Process

	커트절차	Zone(A)	Zone(B)	Zone(C)	Zone(D)
		Back	Side	Side	Side
1					
2					
3					
4					
5					
6					
7					
8					
9					

Memo

NAME		일 시	년 월 일
디자인			

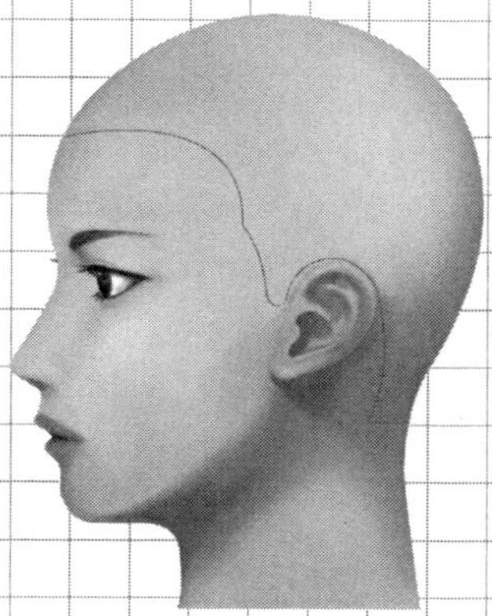

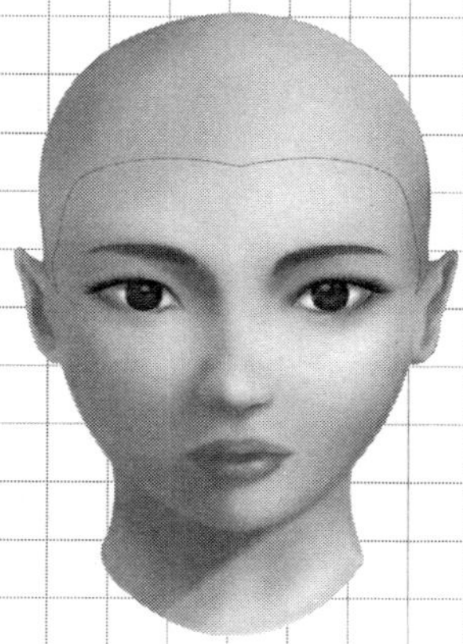

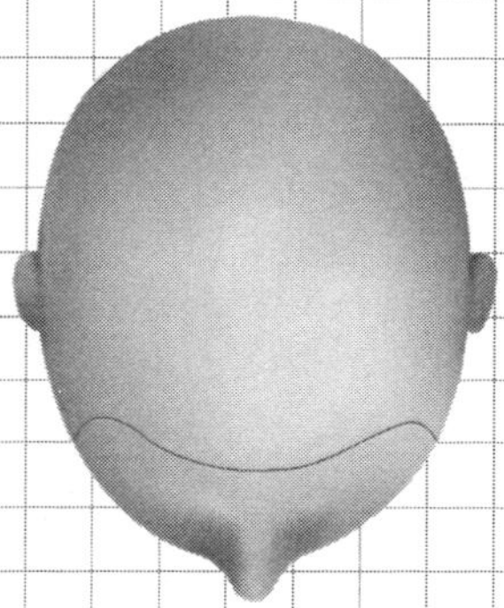

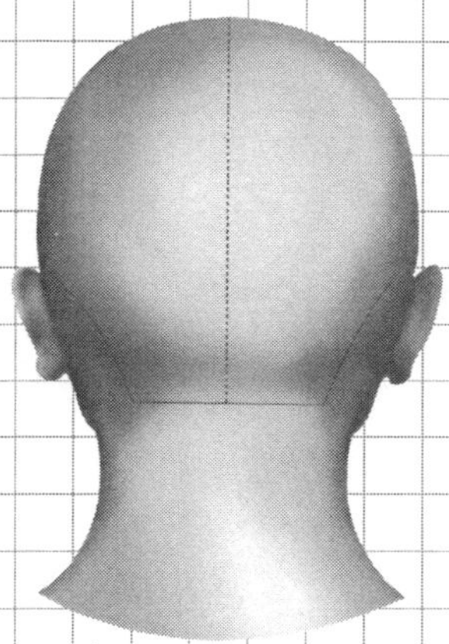

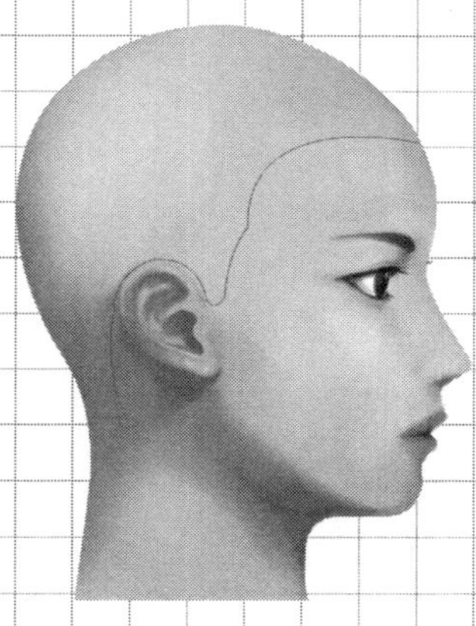

커트 시술한 사진을 붙여 봅시다.

앞	뒤
좌	우

커트 시술 후 블로우 드라이를 한 사진을 붙여 봅시다.

앞	뒤
좌	우

커트한 작품의 사진을 찾아 스크랩 합니다.

IMAGE MAP

Hair Design Process

	커트절차	Zone(A)	Zone(B)	Zone(C)	Zone(D)
		Back	Side	Side	Side
1					
2					
3					
4					
5					
6					
7					
8					
9					

Memo

NAME		일 시	년 월 일
디자인			

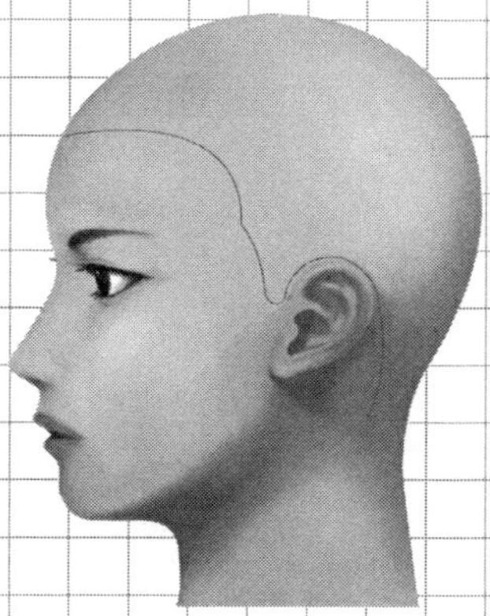

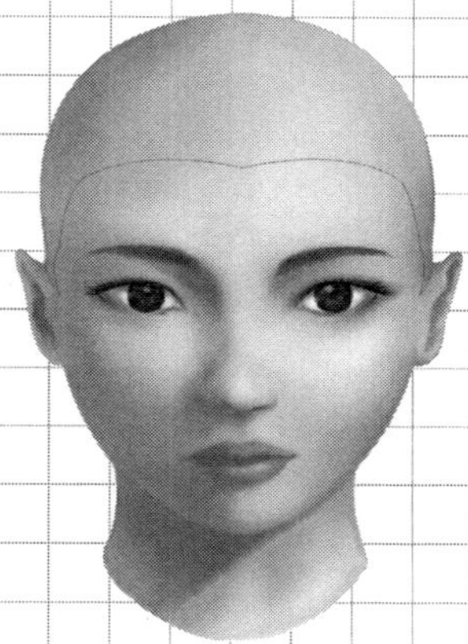

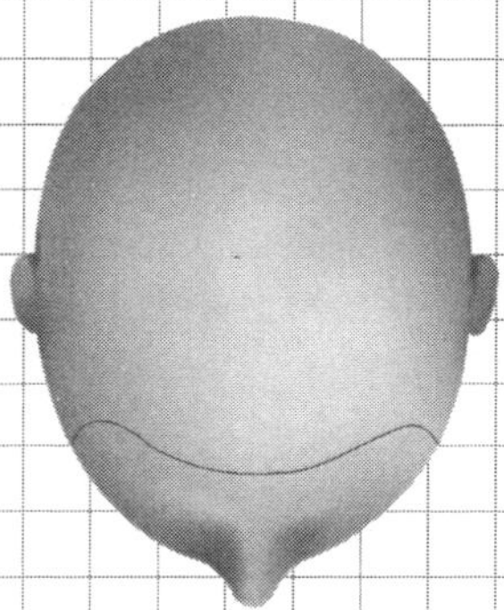

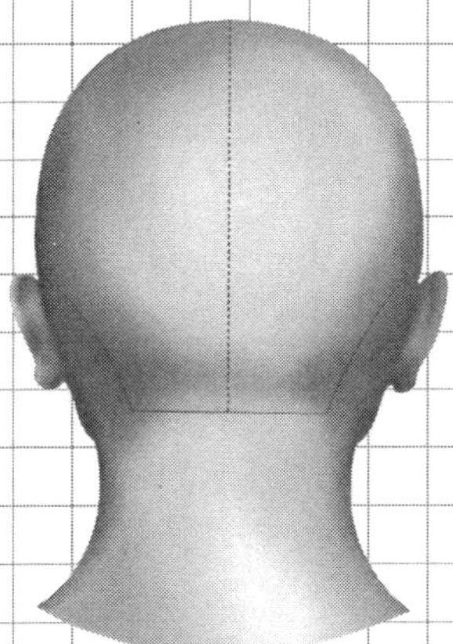

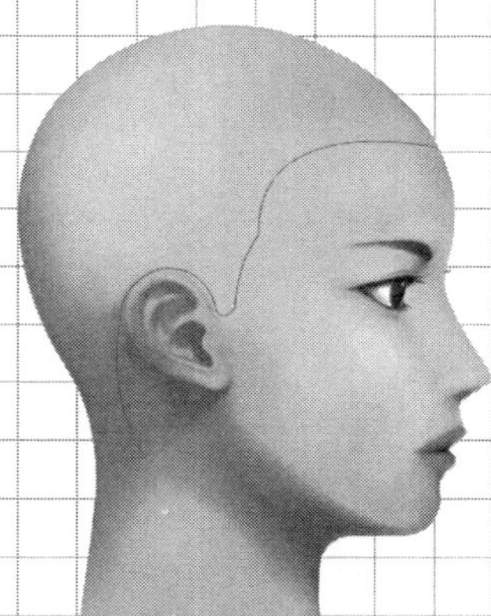

커트 시술한 사진을 붙여 봅시다.

앞	뒤
좌	우

커트 시술 후 블로우 드라이를 한 사진을 붙여 봅시다.

앞	뒤
좌	우

커트한 작품의 사진을 찾아 스크랩 합니다.

IMAGE MAP

Hair Design Process

	커트절차	Zone(A)	Zone(B)	Zone(C)	Zone(D)
		Back	Side	Side	Side
1					
2					
3					
4					
5					
6					
7					
8					
9					

Memo

NAME		일 시	년　　월　　일
디자인			

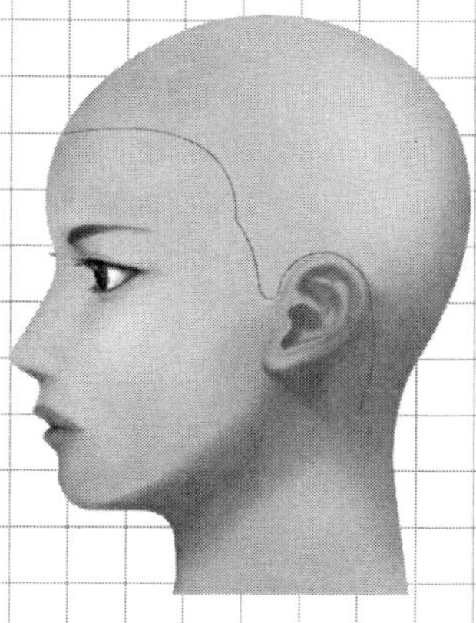

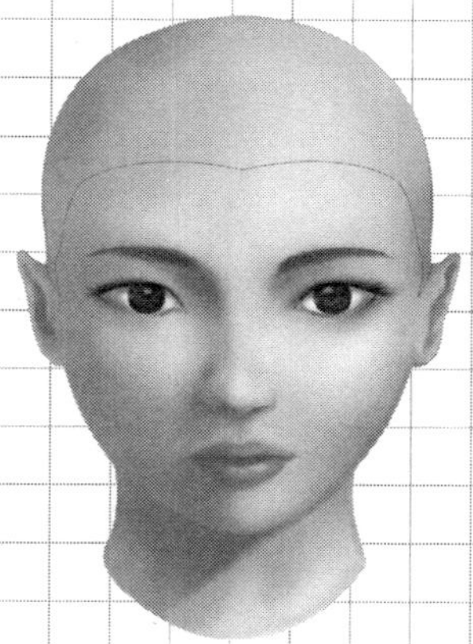

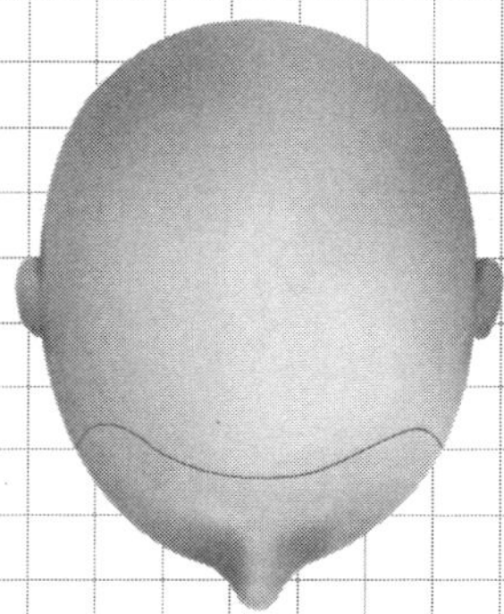

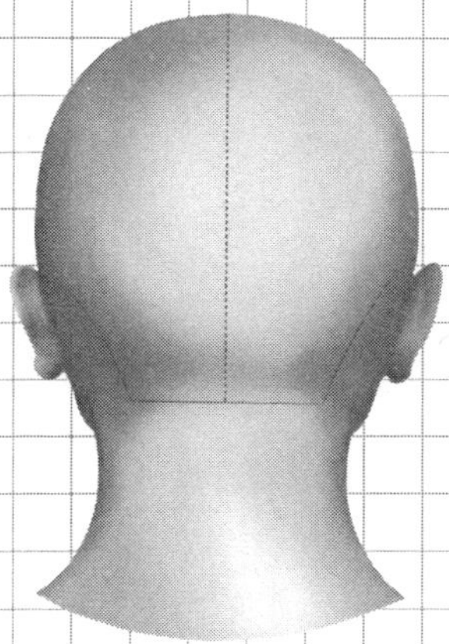

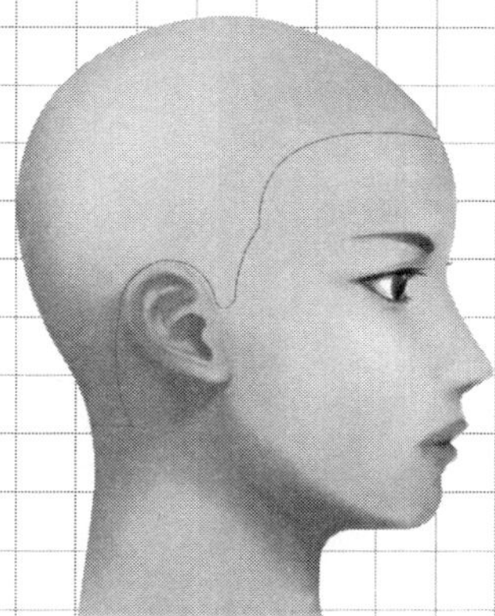

커트 시술한 사진을 붙여 봅시다.	
앞	뒤
좌	우

커트 시술 후 블로우 드라이를 한 사진을 붙여 봅시다.	
앞	뒤
좌	우

커트한 작품의 사진을 찾아 스크랩 합니다.

IMAGE MAP

Hair Design Process

	커트절차	Zone(A)	Zone(B)	Zone(C)	Zone(D)
		Back	Side	Side	Side
1					
2					
3					
4					
5					
6					
7					
8					
9					

Memo

NAME		일 시	년 월 일
디자인			

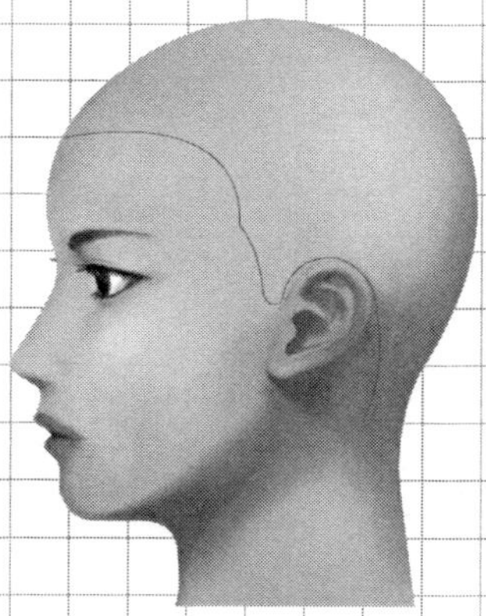

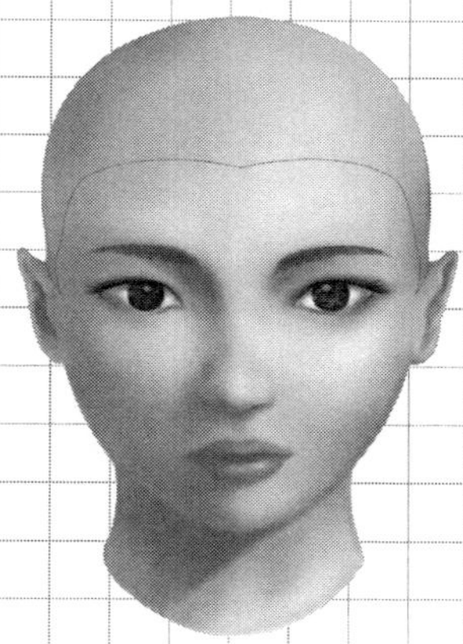

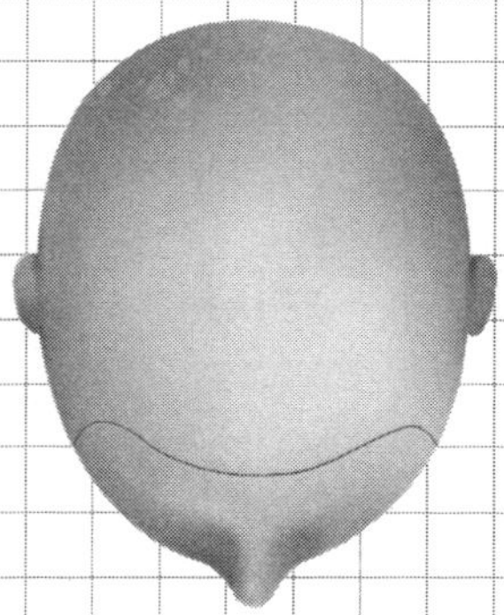

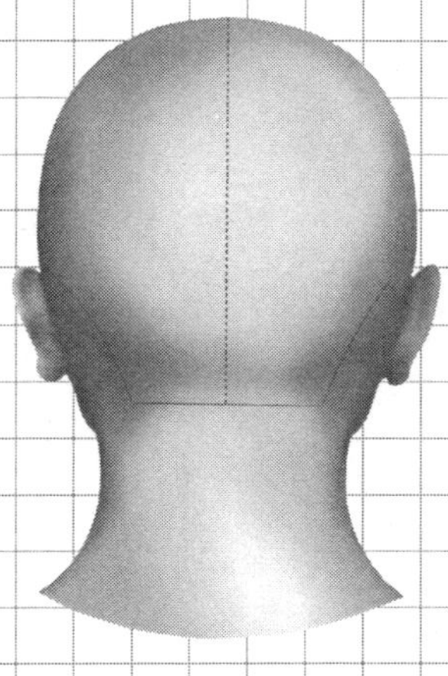

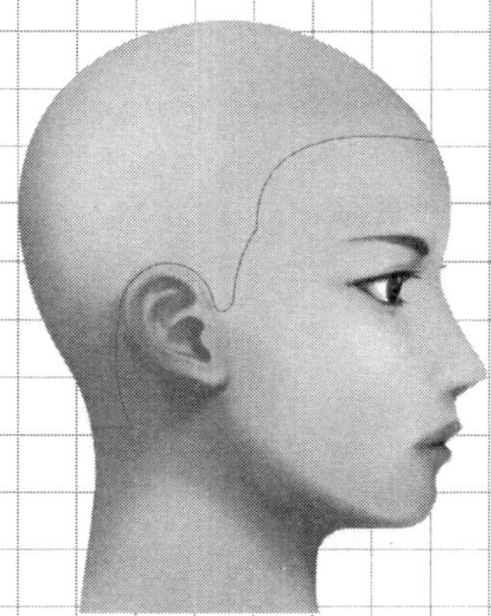

커트 시술한 사진을 붙여 봅시다.

앞	뒤
좌	우

커트 시술 후 블로우 드라이를 한 사진을 붙여 봅시다.

앞	뒤
좌	우

커트한 작품의 사진을 찾아 스크랩 합니다.

IMAGE MAP

Hair Design Process

	커트절차	Zone(A)	Zone(B)	Zone(C)	Zone(D)
		Back	Side	Side	Side
1					
2					
3					
4					
5					
6					
7					
8					
9					

Memo

NAME		일 시	년 월 일
디자인			

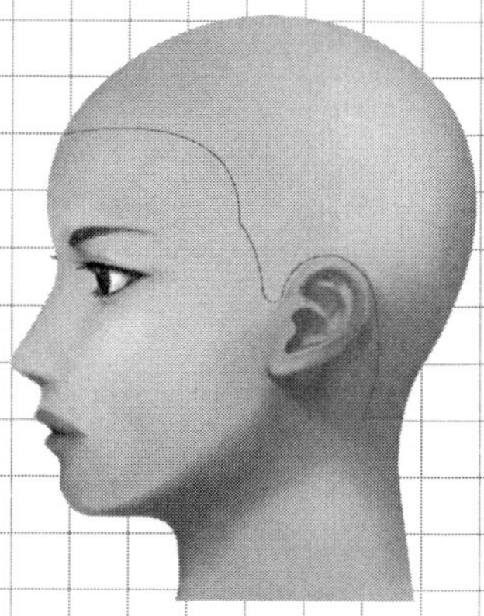

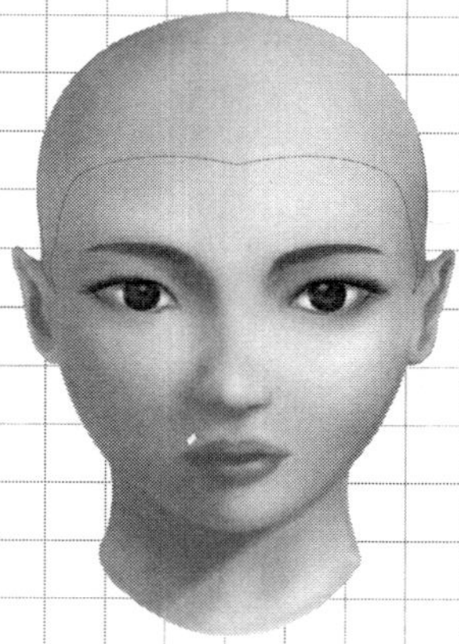

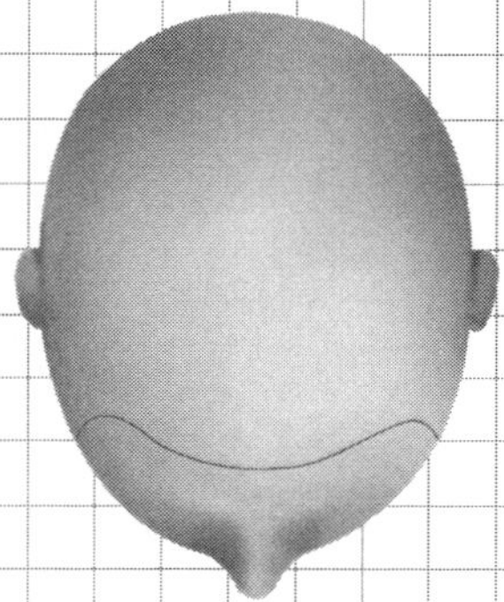

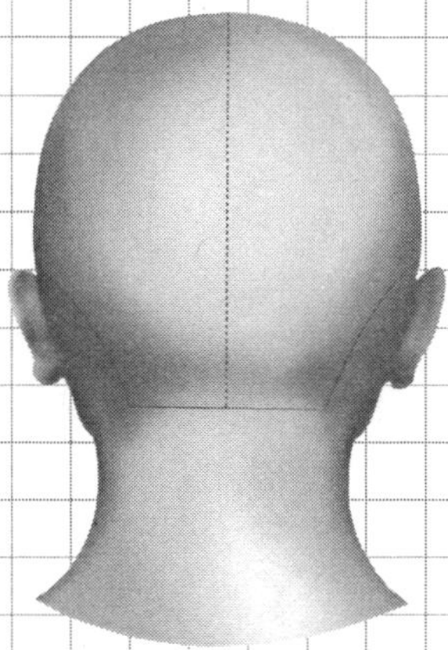

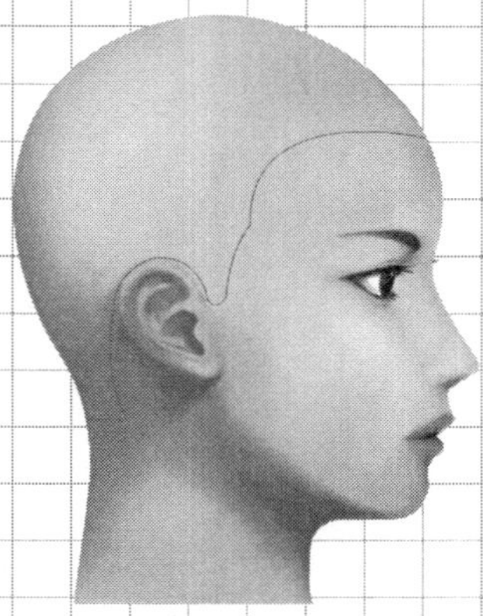

커트 시술한 사진을 붙여 봅시다.	
앞	뒤
좌	우

커트 시술 후 블로우 드라이를 한 사진을 붙여 봅시다.	
앞	뒤
좌	우

커트한 작품의 사진을 찾아 스크랩 합니다.

IMAGE MAP

Hair Design Process

	커트절차	Zone(A) Back	Zone(B) Side	Zone(C) Side	Zone(D) Side
1					
2					
3					
4					
5					
6					
7					
8					
9					

Memo

NAME		일 시	년 월 일
디자인			

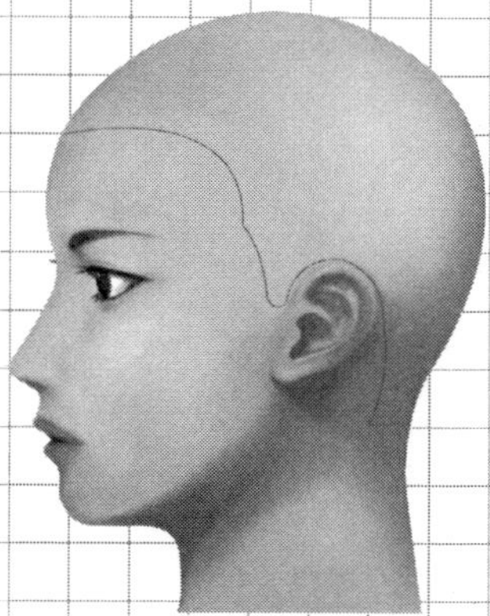

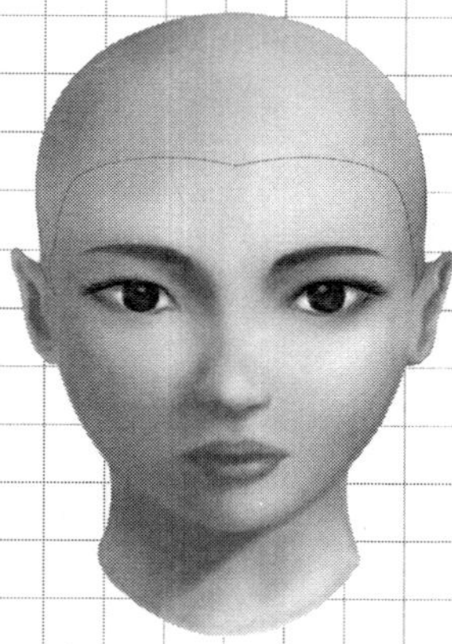

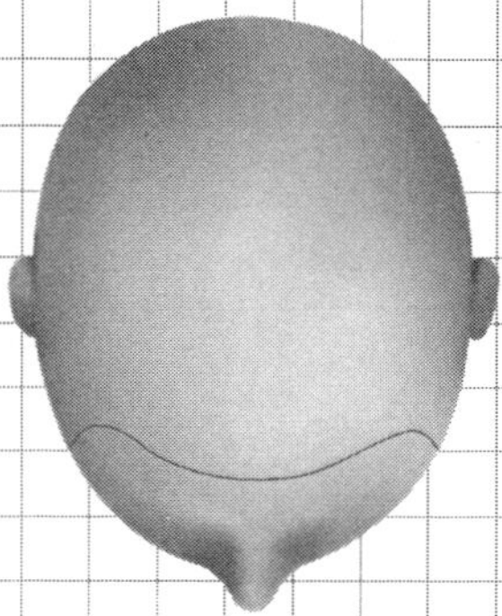

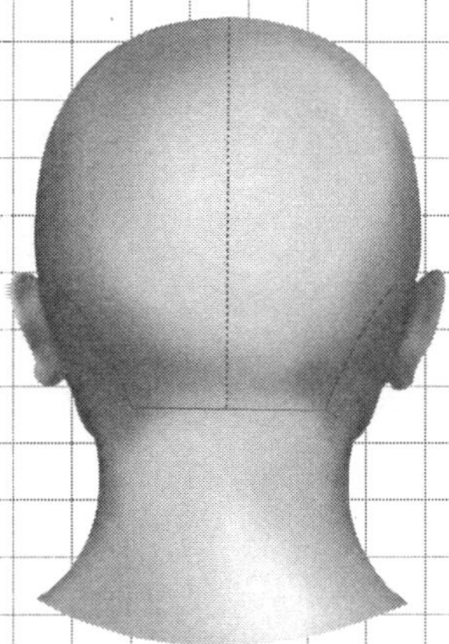

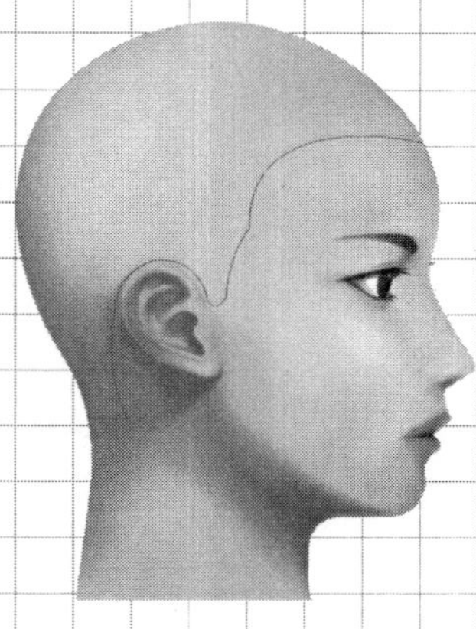

커트 시술한 사진을 붙여 봅시다.

앞	뒤
좌	우

커트 시술 후 블로우 드라이를 한 사진을 붙여 봅시다.

앞	뒤
좌	우

커트한 작품의 사진을 찾아 스크랩 합니다.

IMAGE MAP

Hair Design Process

	커트절차	Zone(A) Back	Zone(B) Side	Zone(C) Side	Zone(D) Side
1					
2					
3					
4					
5					
6					
7					
8					
9					

Memo

NAME		일 시	년　　월　　일
디자인			

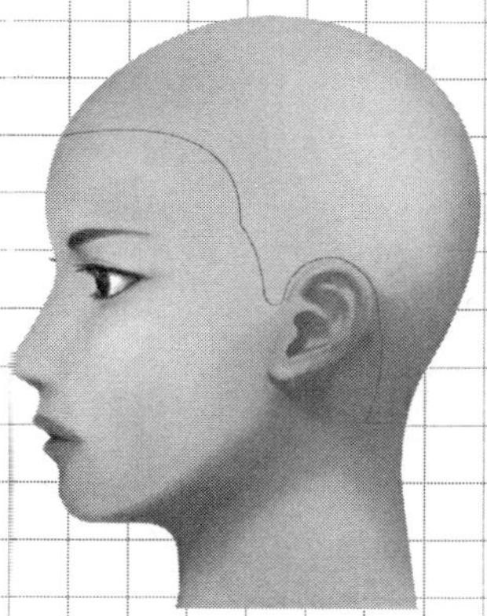

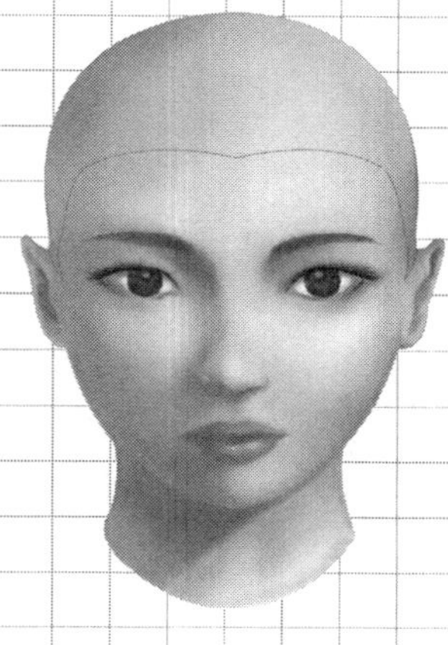

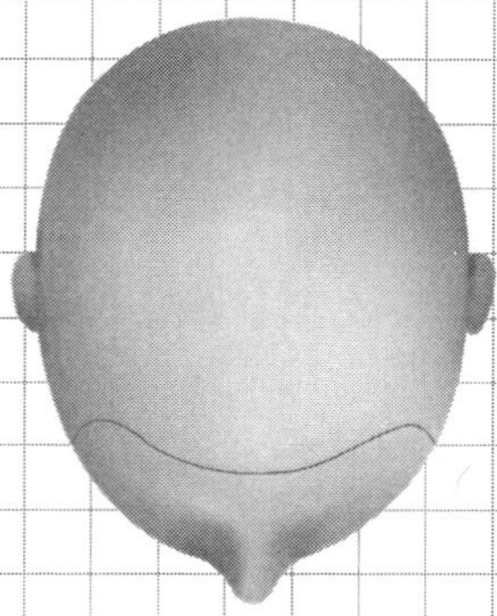

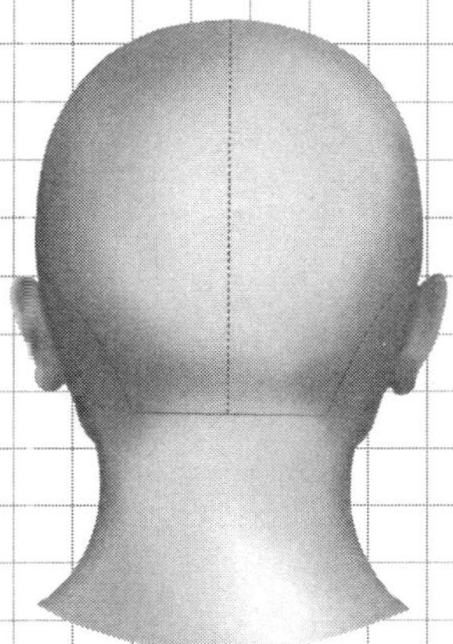

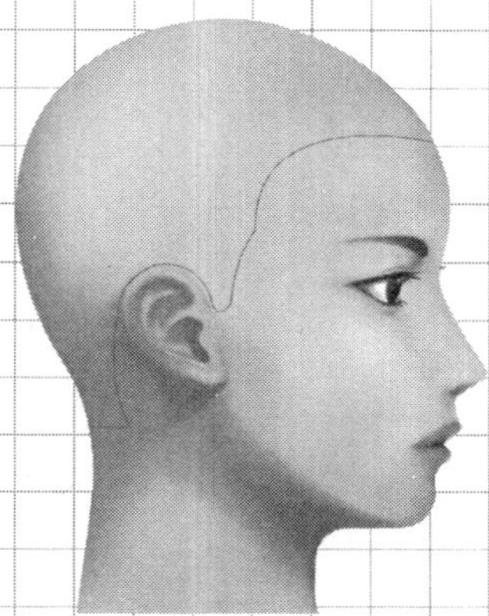

커트 시술한 사진을 붙여 봅시다.

앞	뒤
좌	우

커트 시술 후 블로우 드라이를 한 사진을 붙여 봅시다.

앞	뒤
좌	우

커트한 작품의 사진을 찾아 스크랩 합니다.

IMAGE MAP

Hair Design Process

	커트절차	Zone(A)	Zone(B)	Zone(C)	Zone(D)
		Back	Side	Side	Side
1					
2					
3					
4					
5					
6					
7					
8					
9					

Memo

NAME		일 시	년 월 일
디자인			

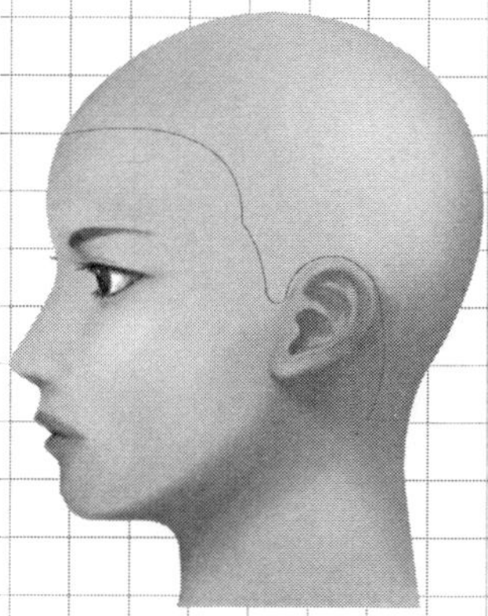

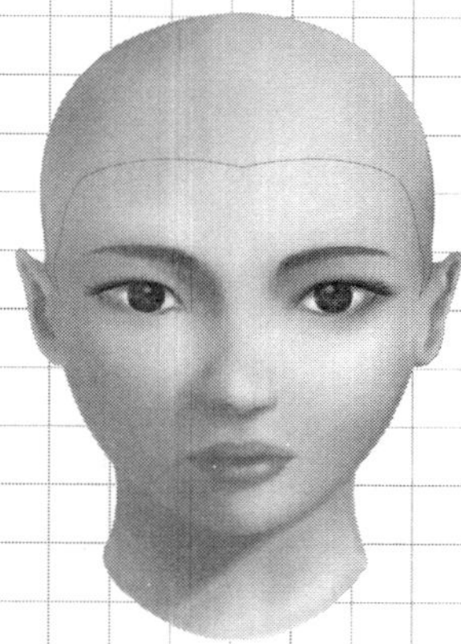

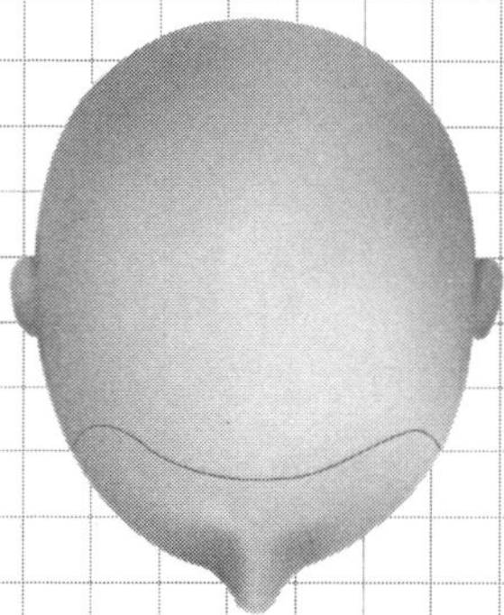

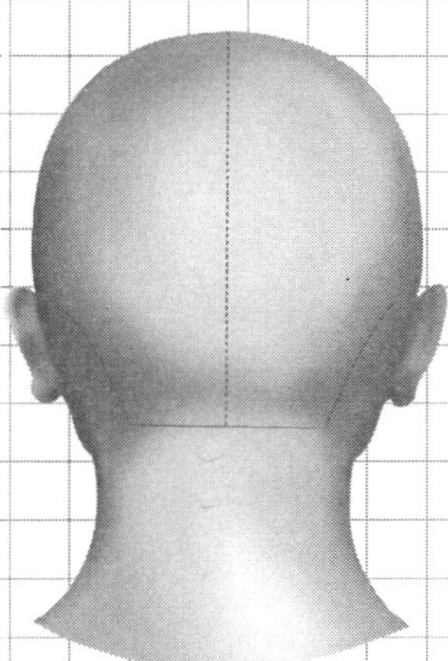

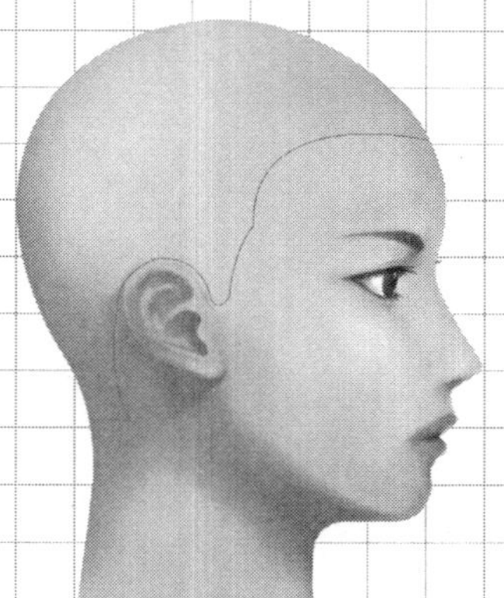

커트 시술한 사진을 붙여 봅시다.

앞	뒤
좌	우

커트 시술 후 블로우 드라이를 한 사진을 붙여 봅시다.

앞	뒤
좌	우

커트한 작품의 사진을 찾아 스크랩 합니다.

IMAGE MAP

Hair Design Process

	커트절차	Zone(A)	Zone(B)	Zone(C)	Zone(D)
		Back	Side	Side	Side
1					
2					
3					
4					
5					
6					
7					
8					
9					
Memo					

NAME		일 시	년 월 일
디자인			

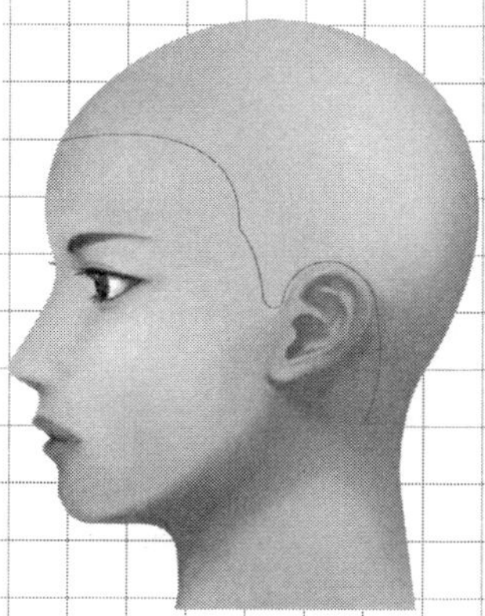

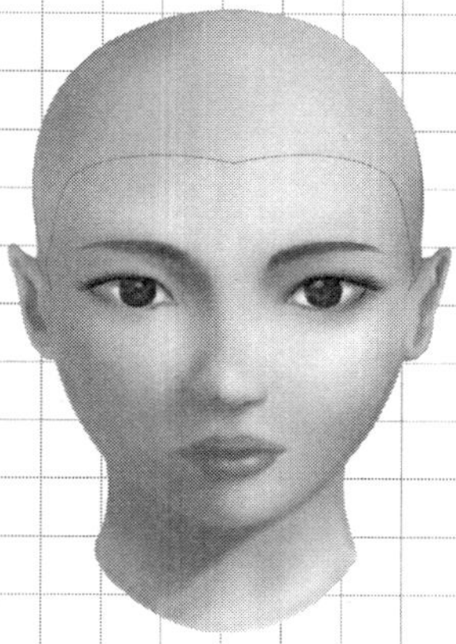

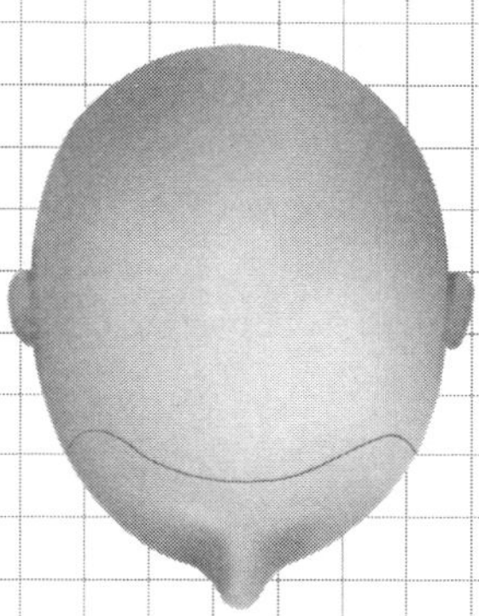

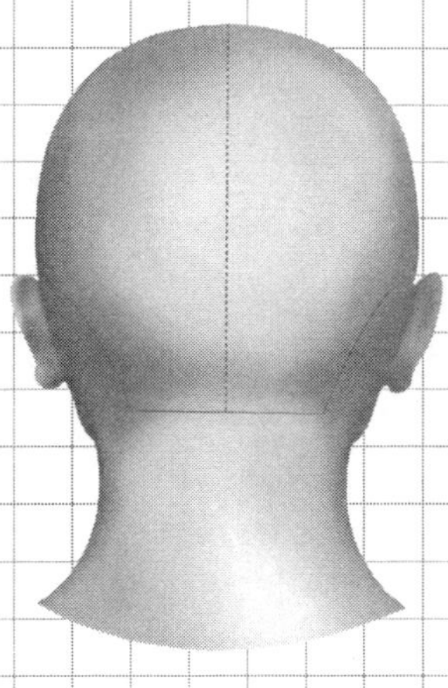

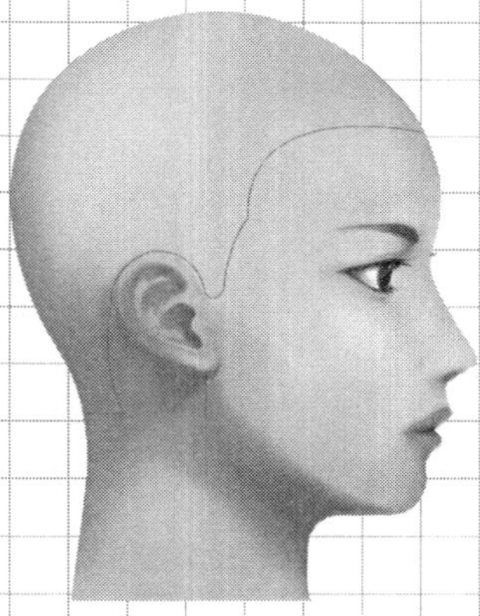

커트 시술한 사진을 붙여 봅시다.

앞	뒤
좌	우

커트 시술 후 블로우 드라이를 한 사진을 붙여 봅시다.

앞	뒤
좌	우

커트한 작품의 사진을 찾아 스크랩 합니다.

IMAGE MAP

Hair Design Process

	커트절차	Zone(A)	Zone(B)	Zone(C)	Zone(D)
		Back	Side	Side	Side
1					
2					
3					
4					
5					
6					
7					
8					
9					

Memo

NAME		일 시	년 월 일
디자인			

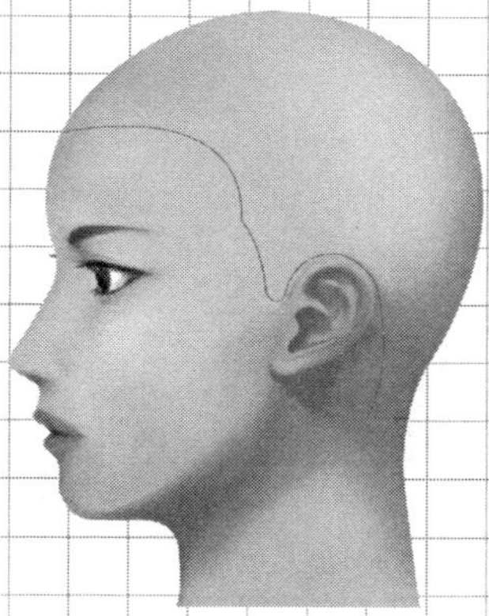

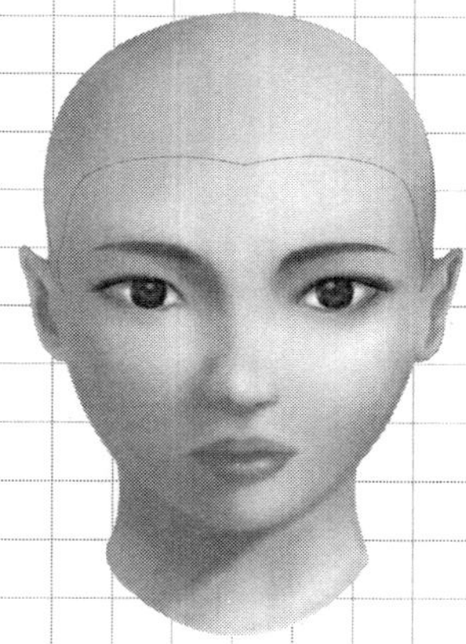

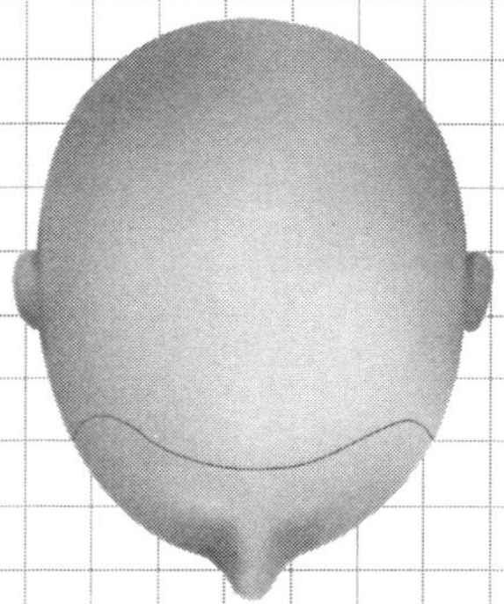

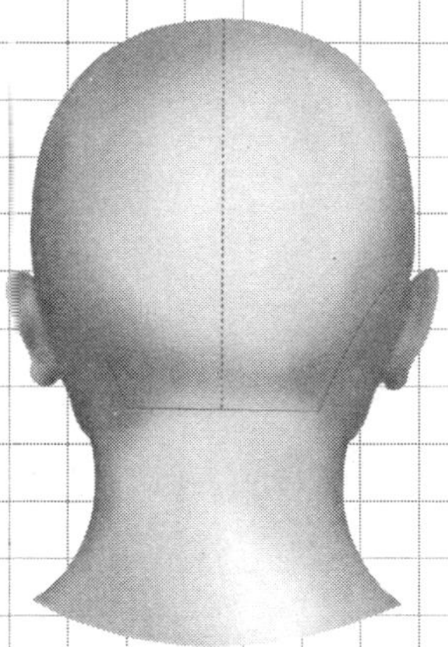

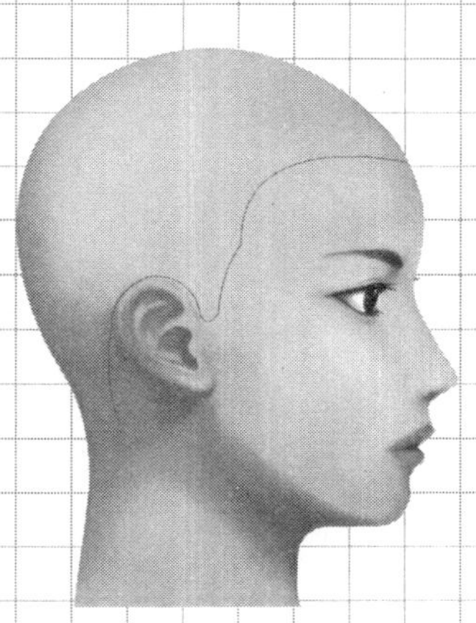

커트 시술한 사진을 붙여 봅시다.

앞	뒤
좌	우

커트 시술 후 블로우 드라이를 한 사진을 붙여 봅시다.

앞	뒤
좌	우

커트한 작품의 사진을 찾아 스크랩 합니다.

IMAGE MAP

Hair Design Process

	커트절차	Zone(A)	Zone(B)	Zone(C)	Zone(D)
		Back	Side	Side	Side
1					
2					
3					
4					
5					
6					
7					
8					
9					

Memo

NAME		일 시	년 월 일
디자인			

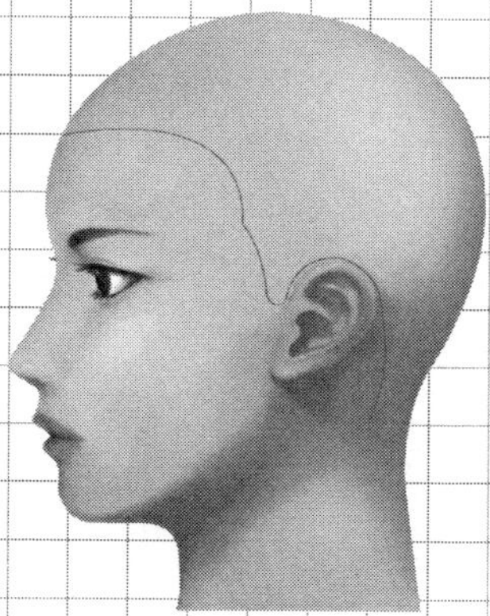

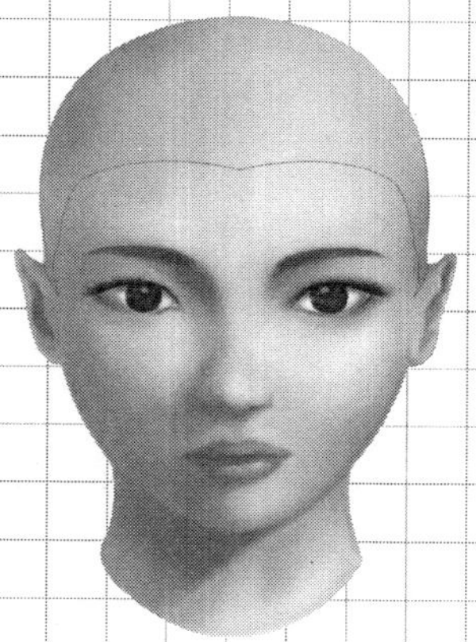

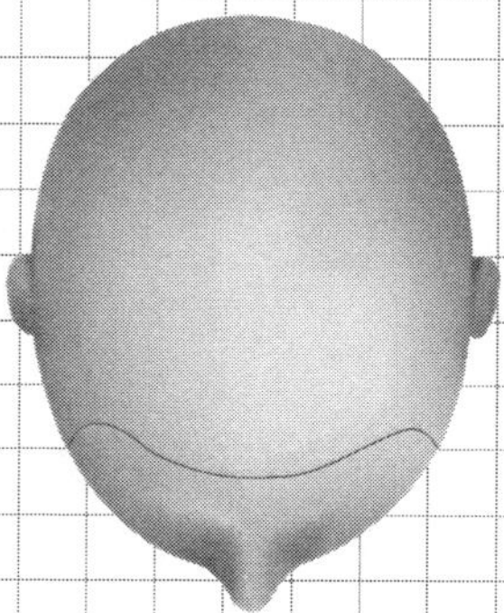

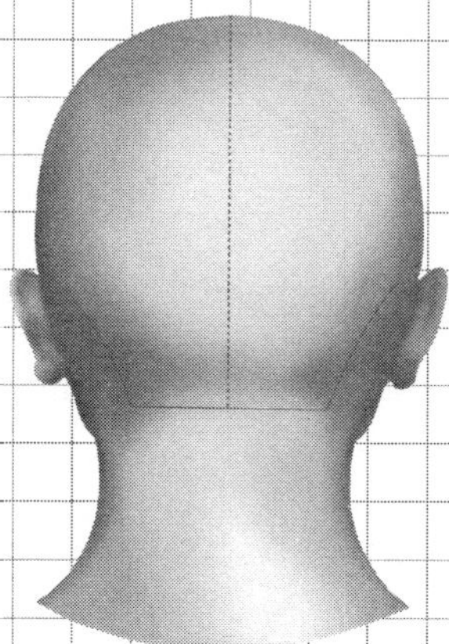

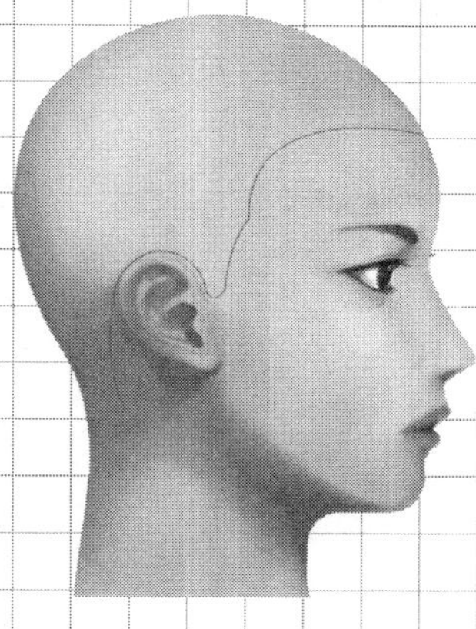

커트 시술한 사진을 붙여 봅시다.

앞	뒤
좌	우

커트 시술 후 블로우 드라이를 한 사진을 붙여 봅시다.

앞	뒤
좌	우

커트한 작품의 사진을 찾아 스크랩 합니다.

IMAGE MAP

Hair Design Process

	커트절차	Zone(A)	Zone(B)	Zone(C)	Zone(D)
		Back	Side	Side	Side
1					
2					
3					
4					
5					
6					
7					
8					
9					

Memo

NAME		일 시	년 월 일
디자인			

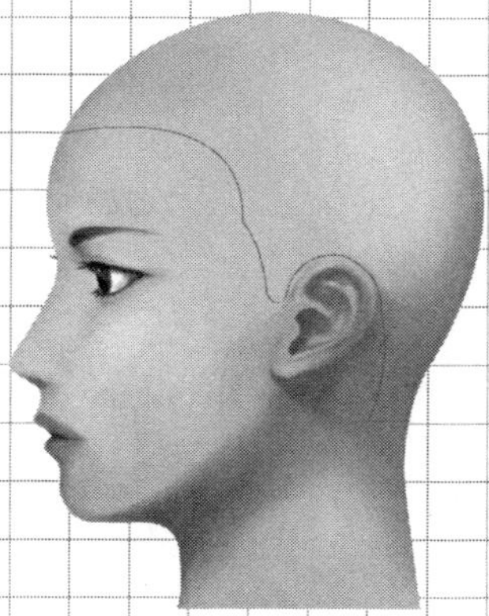

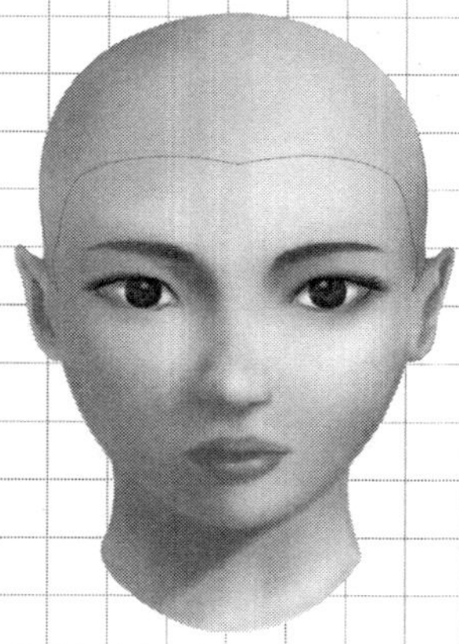

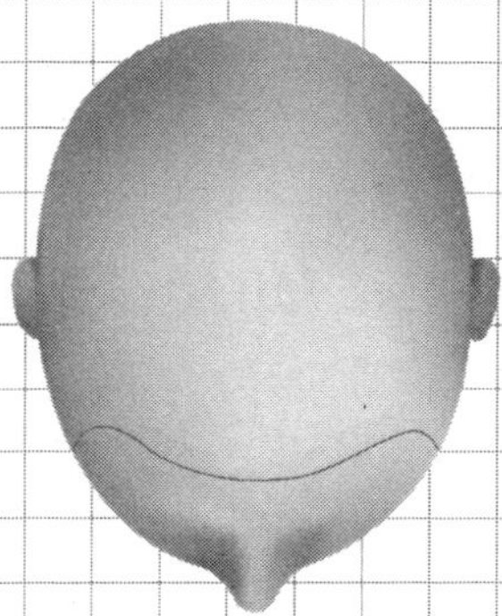

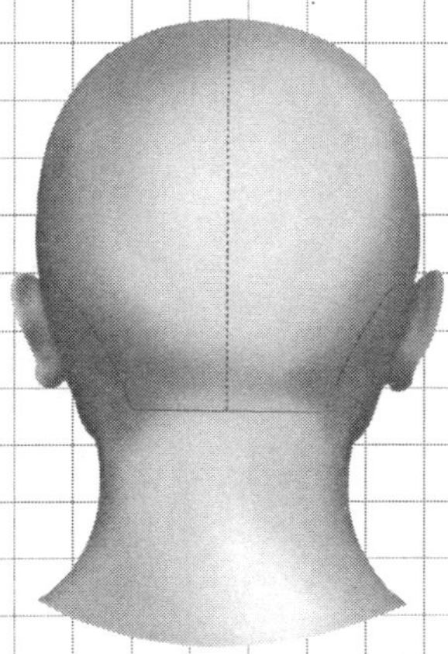

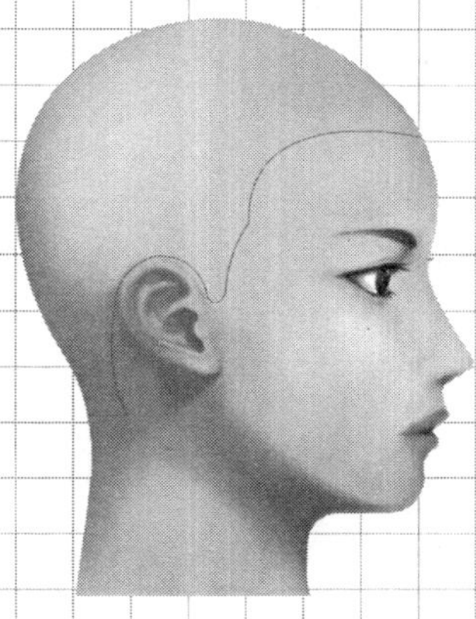

커트 시술한 사진을 붙여 봅시다.

앞	뒤
좌	우

커트 시술 후 블로우 드라이를 한 사진을 붙여 봅시다.

앞	뒤
좌	우

커트한 작품의 사진을 찾아 스크랩 합니다.

IMAGE MAP

Hair Design Process

	커트절차	Zone(A)	Zone(B)	Zone(C)	Zone(D)
		Back	Side	Side	Side
1					
2					
3					
4					
5					
6					
7					
8					
9					

Memo

NAME		일 시	년 월 일
디자인			

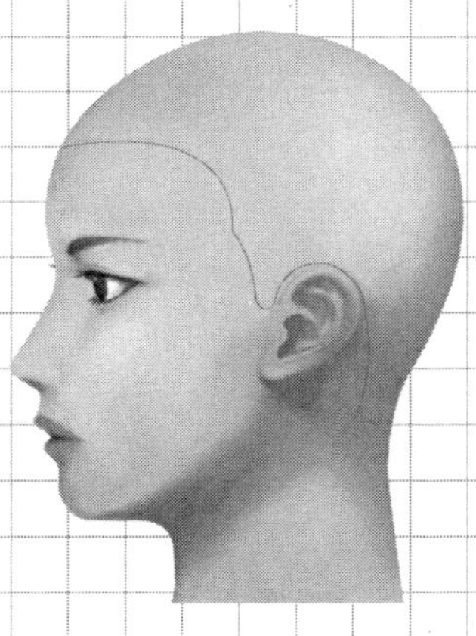

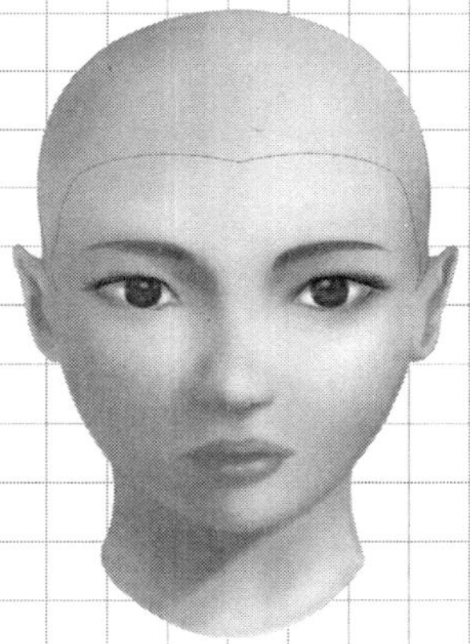

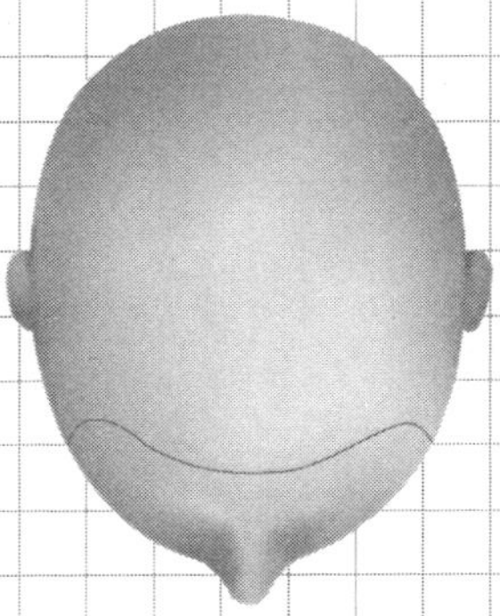

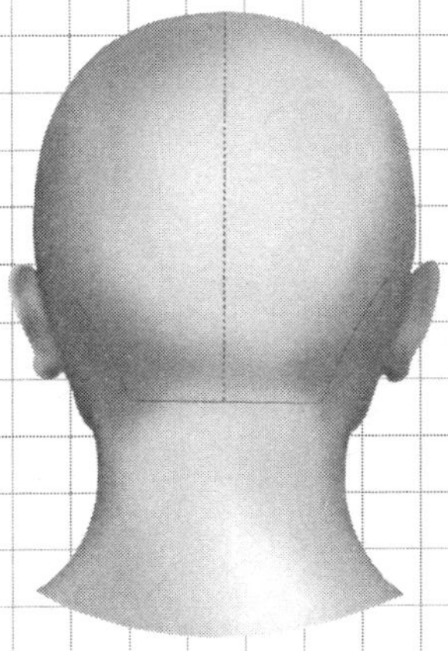

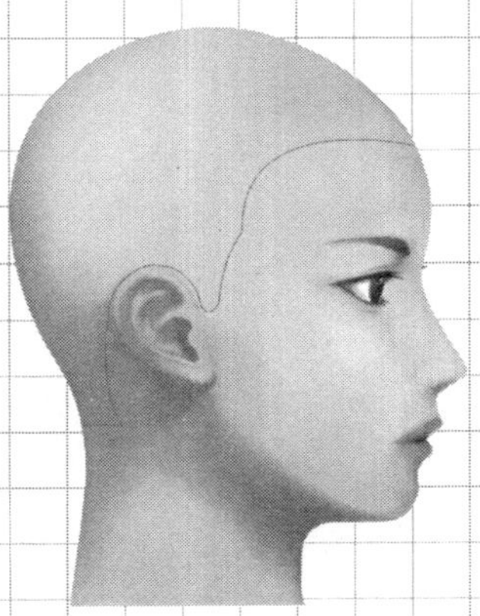

커트 시술한 사진을 붙여 봅시다. 앞	뒤
좌	우

커트 시술 후 블로우 드라이를 한 사진을 붙여 봅시다. 앞	뒤
좌	우

커트한 작품의 사진을 찾아 스크랩 합니다.

IMAGE MAP

Hair Design Process

	커트절차	Zone(A)	Zone(B)	Zone(C)	Zone(D)
		Back	Side	Side	Side
1					
2					
3					
4					
5					
6					
7					
8					
9					

Memo

NAME		일 시	년 월 일
디자인			

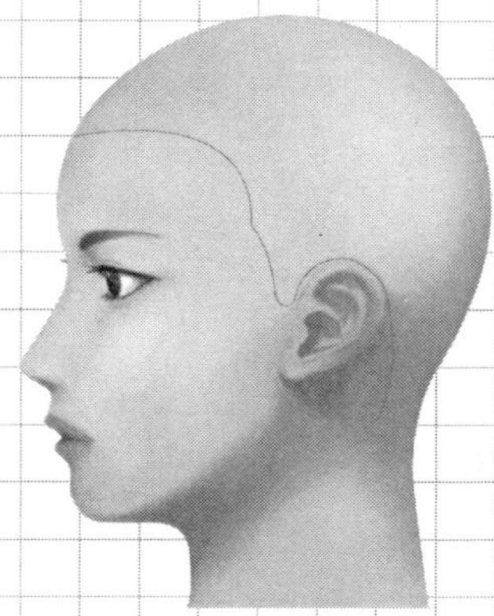

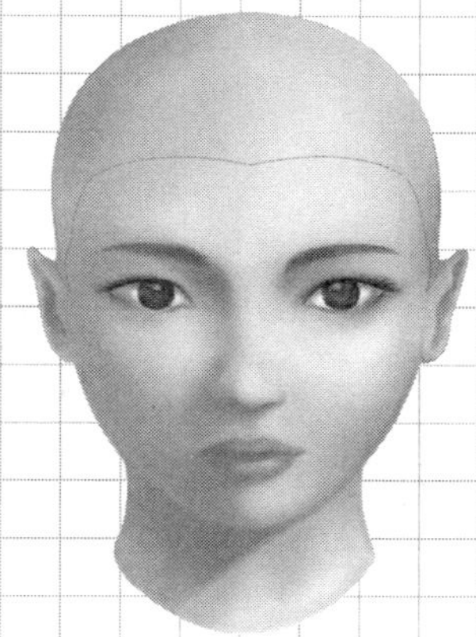

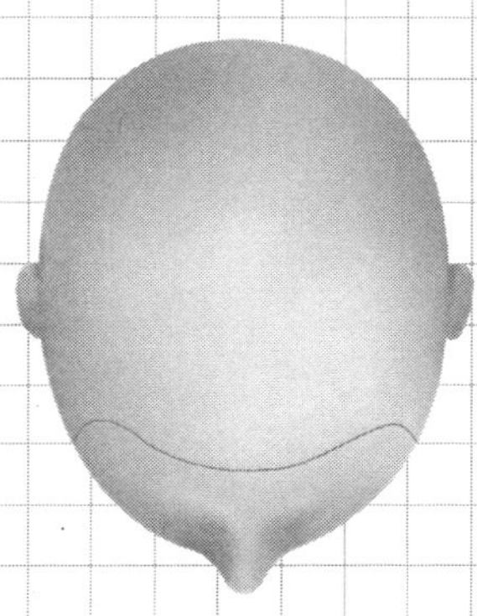

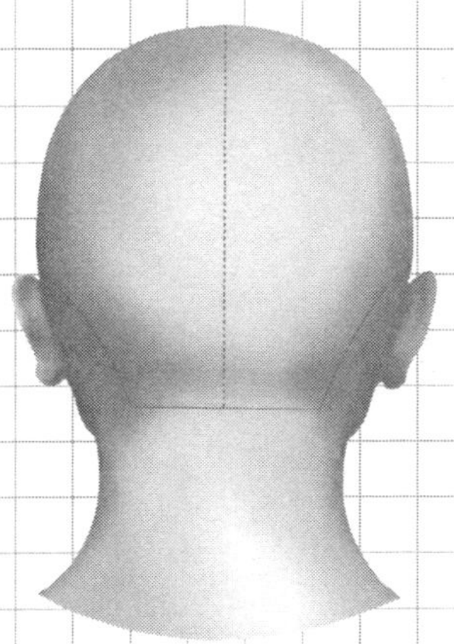

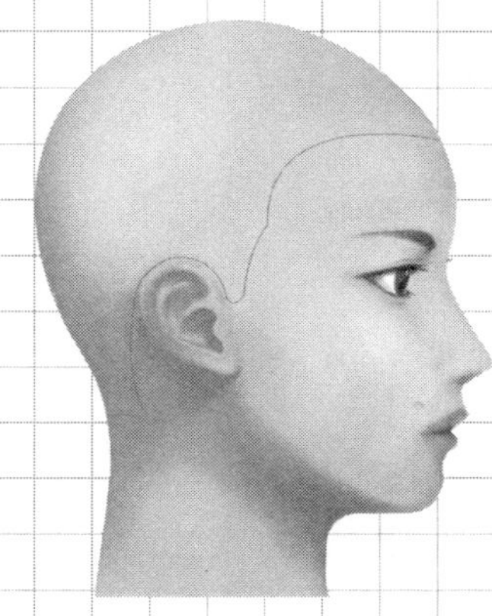

커트 시술한 사진을 붙여 봅시다.

앞	뒤
좌	우

커트 시술 후 블로우 드라이를 한 사진을 붙여 봅시다.

앞	뒤
좌	우

커트한 작품의 사진을 찾아 스크랩 합니다.

IMAGE MAP

Hair Design Process

	커트절차	Zone(A)	Zone(B)	Zone(C)	Zone(D)
		Back	Side	Side	Side
1					
2					
3					
4					
5					
6					
7					
8					
9					

Memo

NAME		일 시	년　　월　　일
디자인			

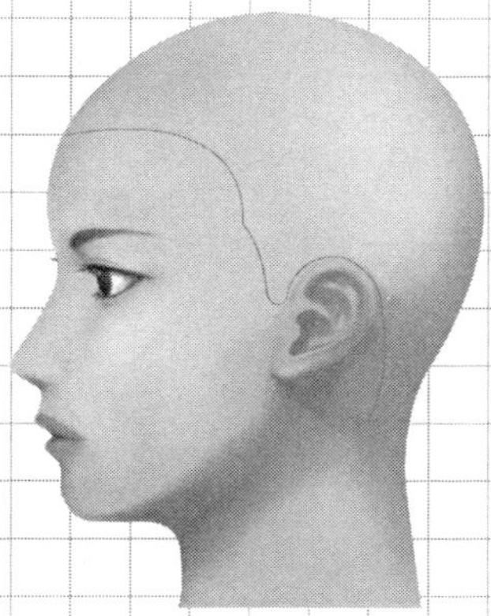

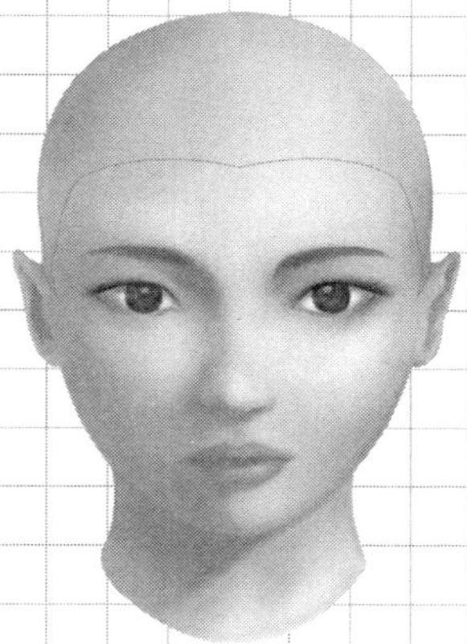

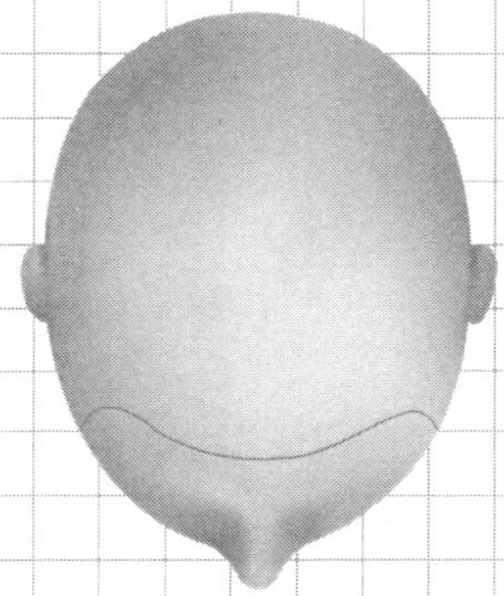

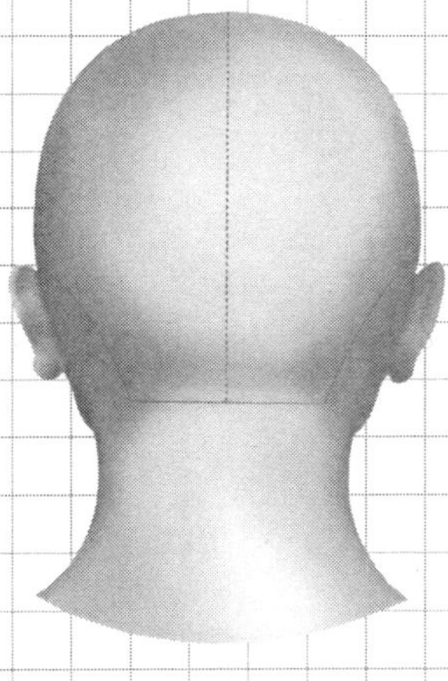

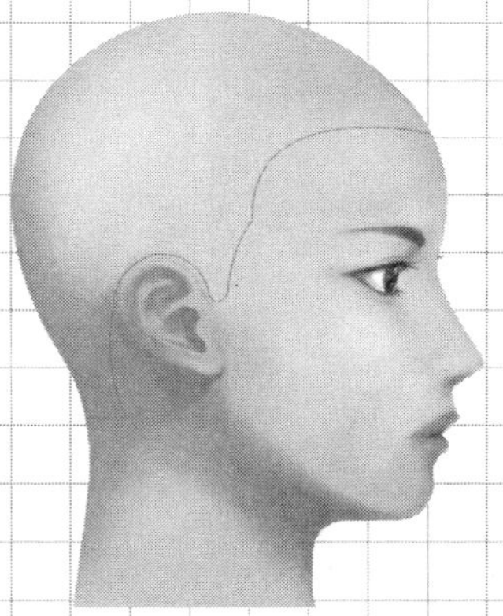

커트 시술한 사진을 붙여 봅시다.

앞	뒤
좌	우

커트 시술 후 블로우 드라이를 한 사진을 붙여 봅시다.

앞	뒤
좌	우

커트한 작품의 사진을 찾아 스크랩 합니다.

IMAGE MAP

Hair Design Process

	커트절차	Zone(A)	Zone(B)	Zone(C)	Zone(D)
		Back	Side	Side	Side
1					
2					
3					
4					
5					
6					
7					
8					
9					

Memo

NAME		일 시	년 월 일
디자인			

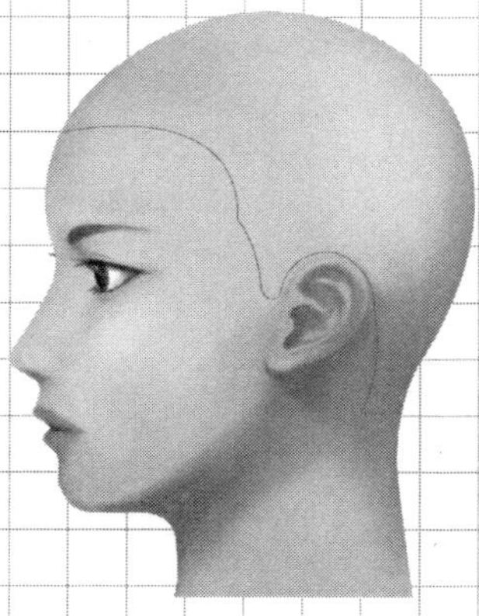

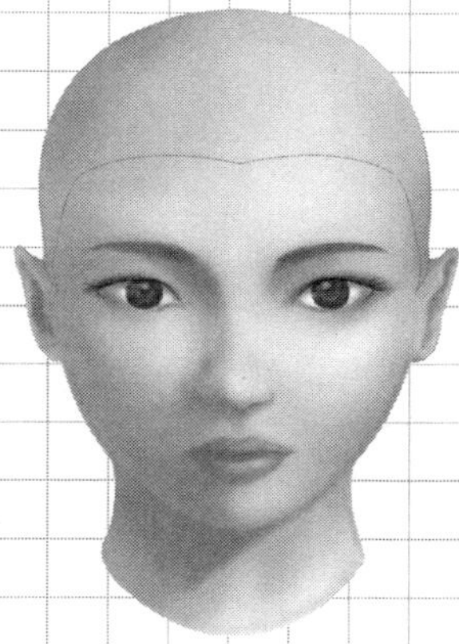

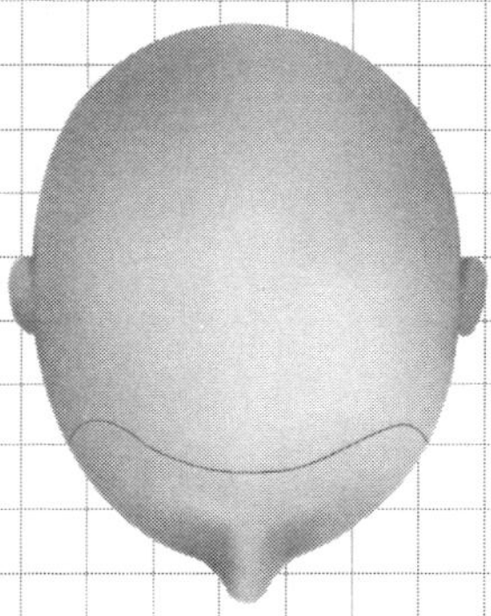

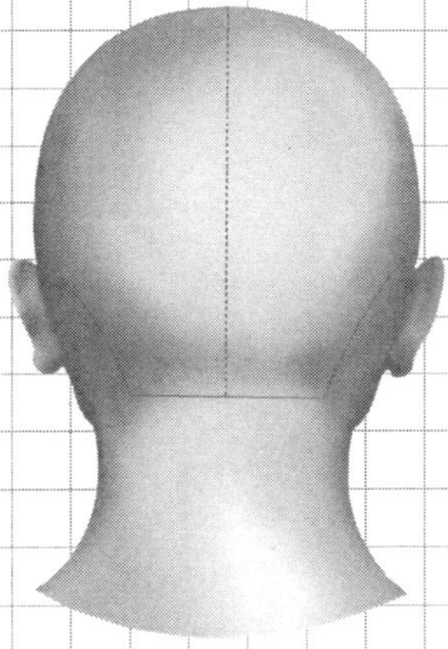

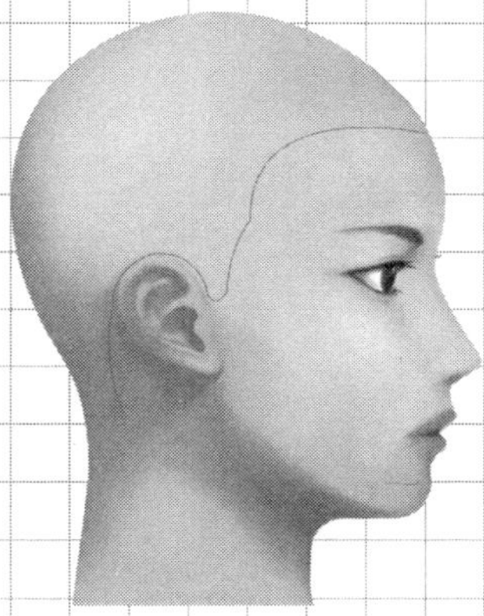

커트 시술한 사진을 붙여 봅시다.

앞	뒤
좌	우

커트 시술 후 블로우 드라이를 한 사진을 붙여 봅시다.

앞	뒤
좌	우

커트한 작품의 사진을 찾아 스크랩 합니다.

Hair Design Process

	커트절차	Zone(A)	Zone(B)	Zone(C)	Zone(D)
		Back	Side	Side	Side
1					
2					
3					
4					
5					
6					
7					
8					
9					

Memo

NAME		일 시	년 월 일
디자인			

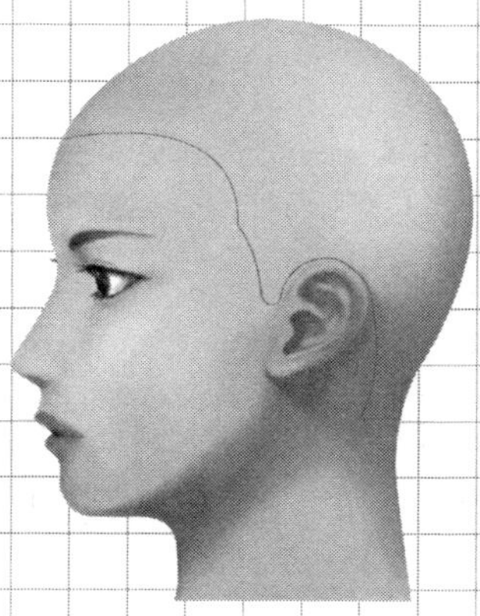

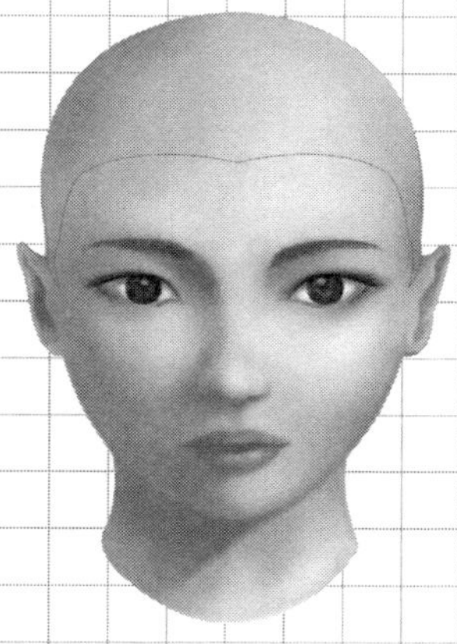

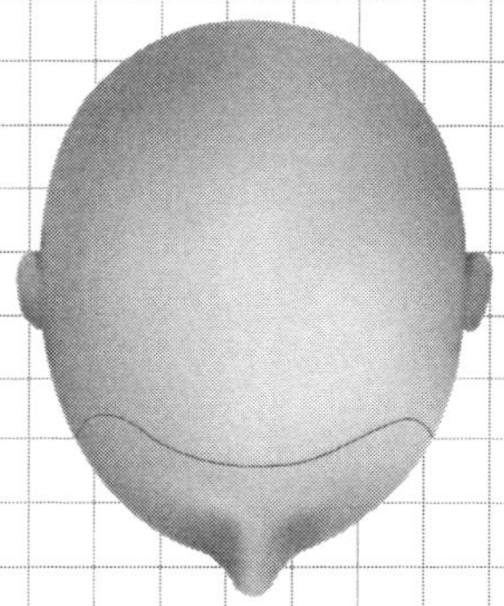

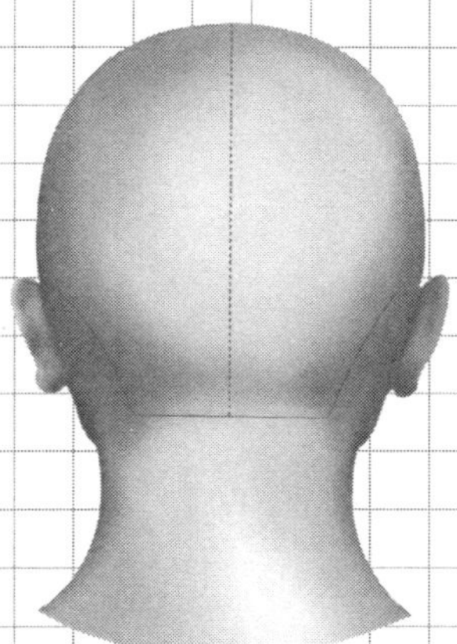

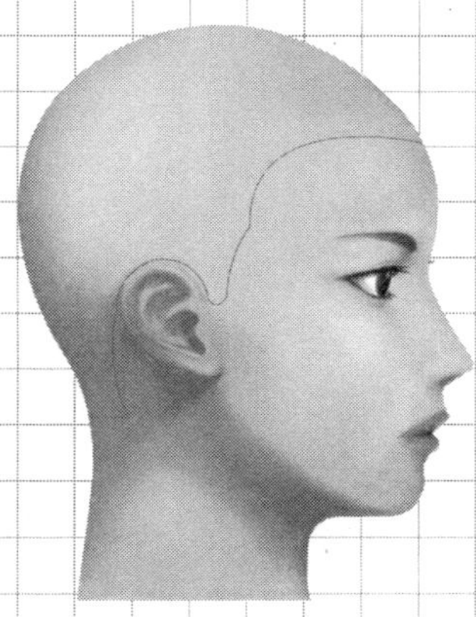

커트 시술한 사진을 붙여 봅시다.	
앞	뒤
좌	우

커트 시술 후 블로우 드라이를 한 사진을 붙여 봅시다.	
앞	뒤
좌	우

커트한 작품의 사진을 찾아 스크랩 합니다.

IMAGE MAP

Hair Design Process

	커트절차	Zone(A)	Zone(B)	Zone(C)	Zone(D)
		Back	Side	Side	Side
1					
2					
3					
4					
5					
6					
7					
8					
9					

Memo

NAME		일 시	년 월 일
디자인			

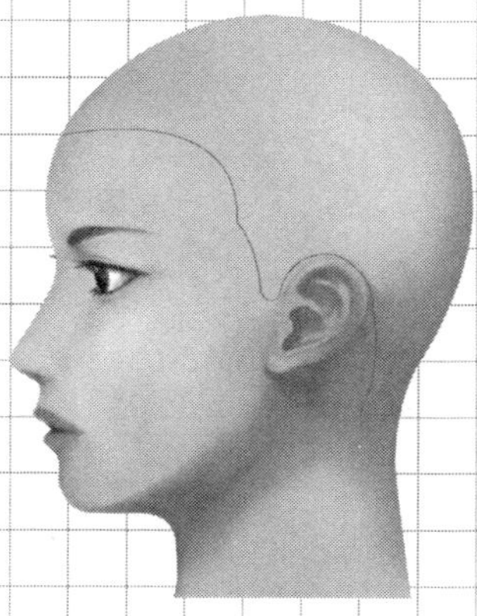
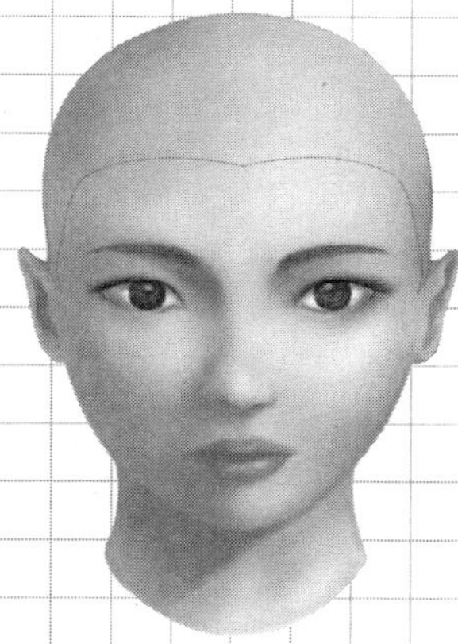
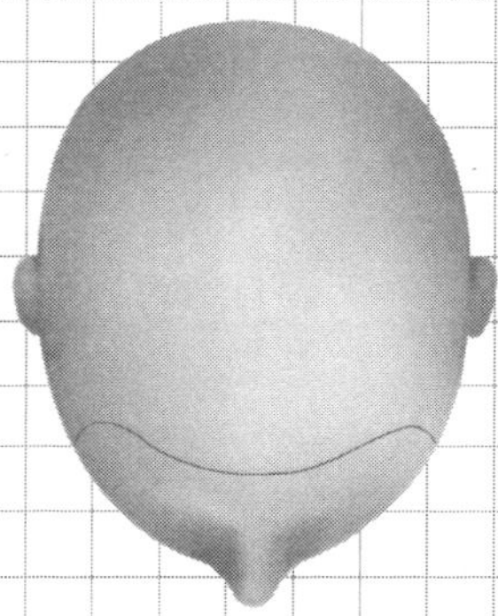
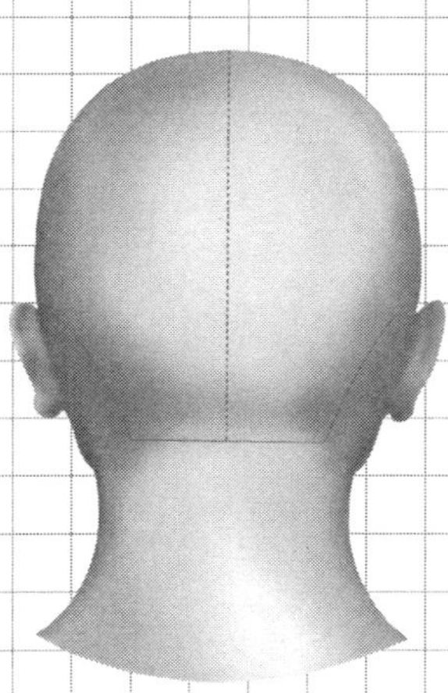
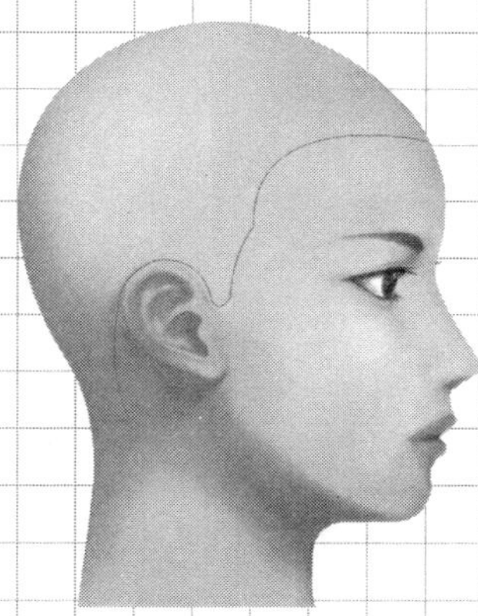

커트 시술한 사진을 붙여 봅시다.

앞	뒤
좌	우

커트 시술 후 블로우 드라이를 한 사진을 붙여 봅시다.

앞	뒤
좌	우

커트한 작품의 사진을 찾아 스크랩 합니다.

IMAGE MAP

Hair Design Process

	커트절차	Zone(A)	Zone(B)	Zone(C)	Zone(D)
		Back	Side	Side	Side
1					
2					
3					
4					
5					
6					
7					
8					
9					

Memo

NAME		일 시	년 월 일
디자인			

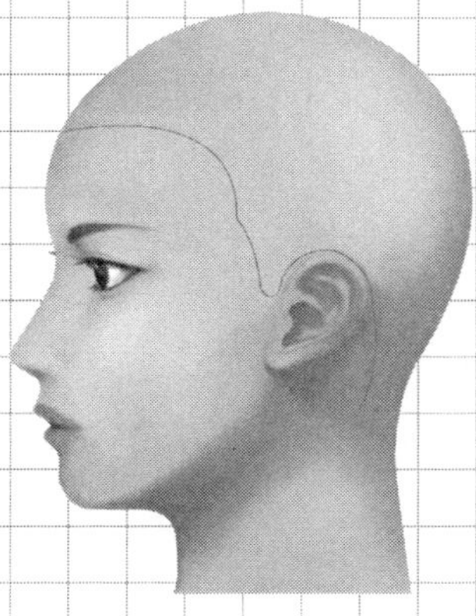

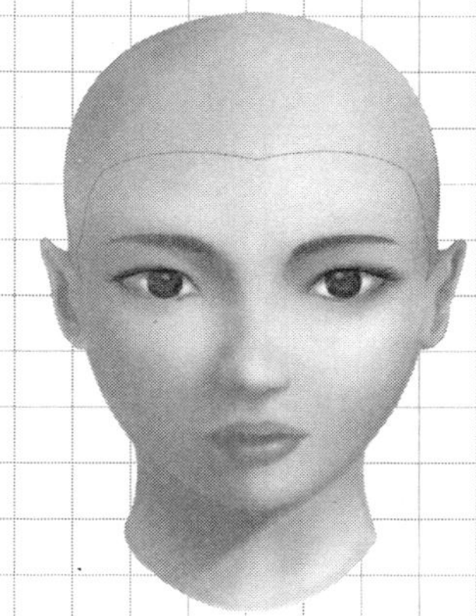

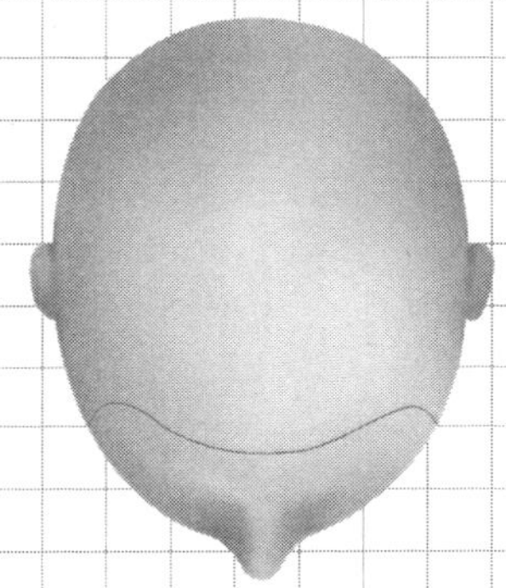

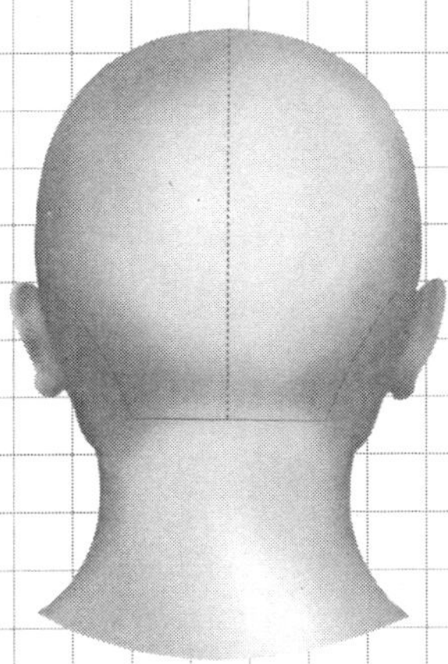

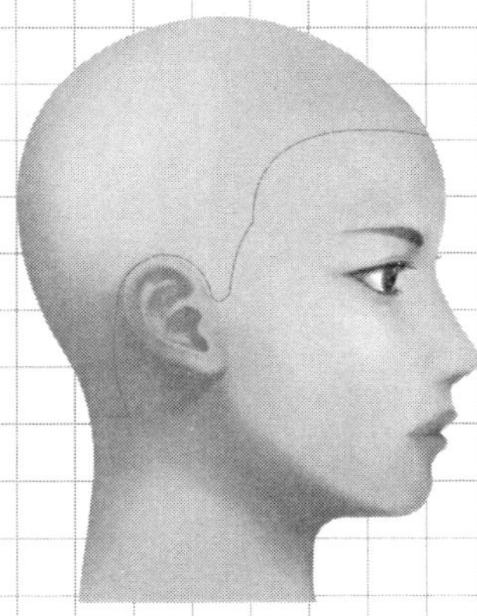

커트 시술한 사진을 붙여 봅시다.

앞	뒤
좌	우

커트 시술 후 블로우 드라이를 한 사진을 붙여 봅시다.

앞	뒤
좌	우

커트한 작품의 사진을 찾아 스크랩 합니다.

IMAGE MAP

Hair Design Process

	커트절차	Zone(A)	Zone(B)	Zone(C)	Zone(D)
		Back	Side	Side	Side
1					
2					
3					
4					
5					
6					
7					
8					
9					

Memo

NAME		일 시	년 월 일
디자인			

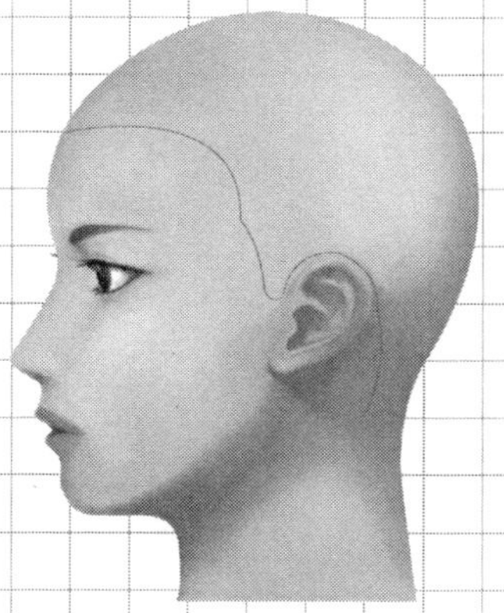

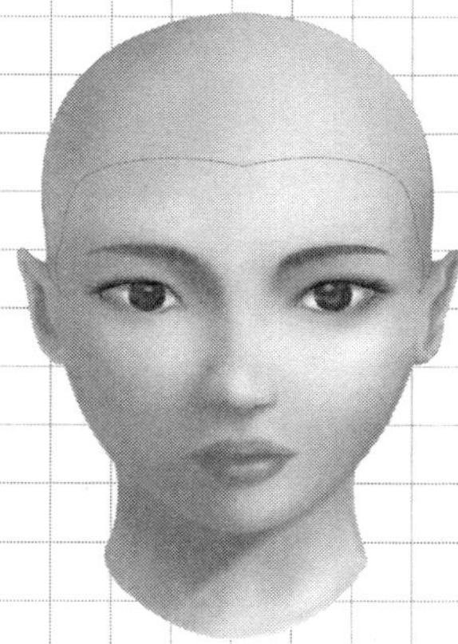

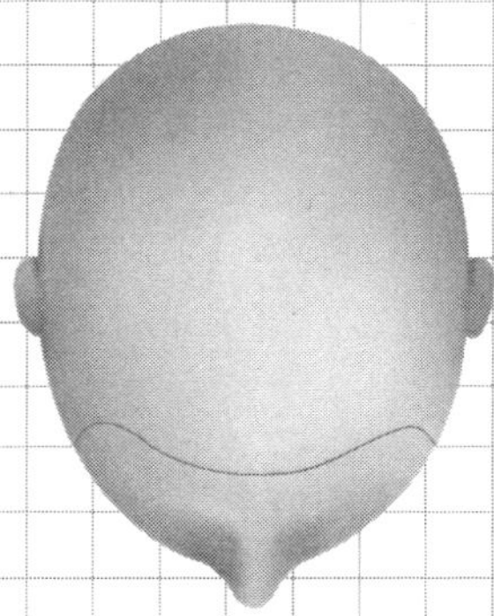

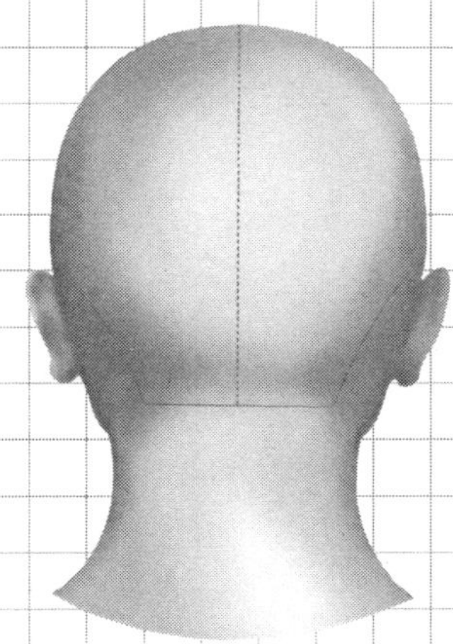

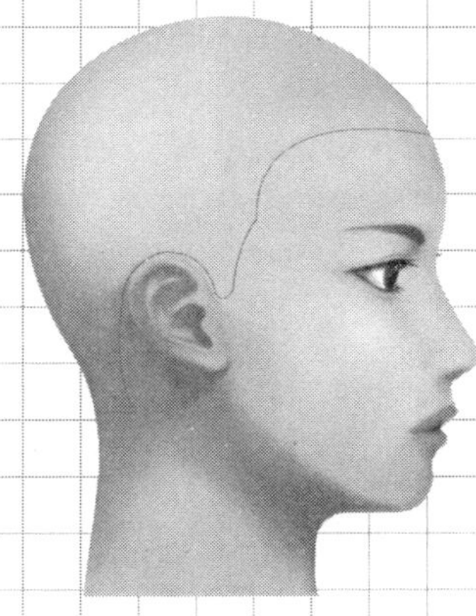

커트 시술한 사진을 붙여 봅시다.

앞	뒤
좌	우

커트 시술 후 블로우 드라이를 한 사진을 붙여 봅시다.

앞	뒤
좌	우

커트한 작품의 사진을 찾아 스크랩 합니다.

Hair Design Process

	커트절차	Zone(A)	Zone(B)	Zone(C)	Zone(D)
		Back	Side	Side	Side
1					
2					
3					
4					
5					
6					
7					
8					
9					

Memo

NAME		일 시	년 월 일
디자인			

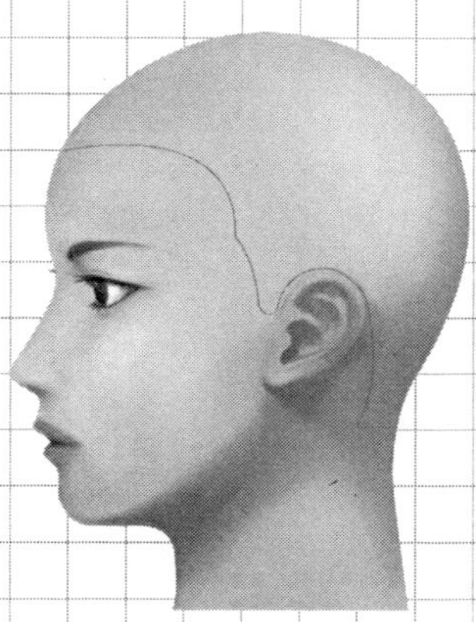

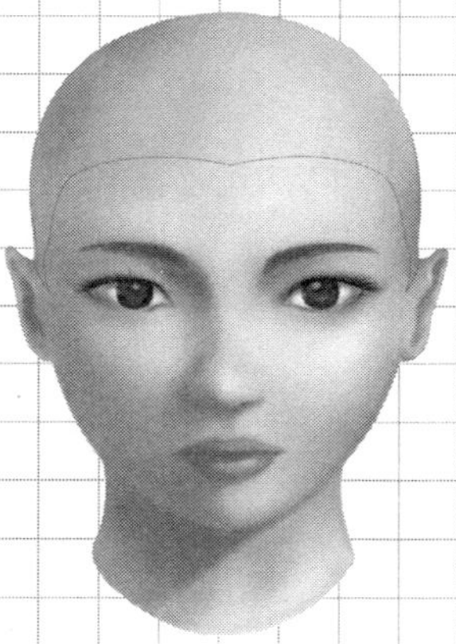

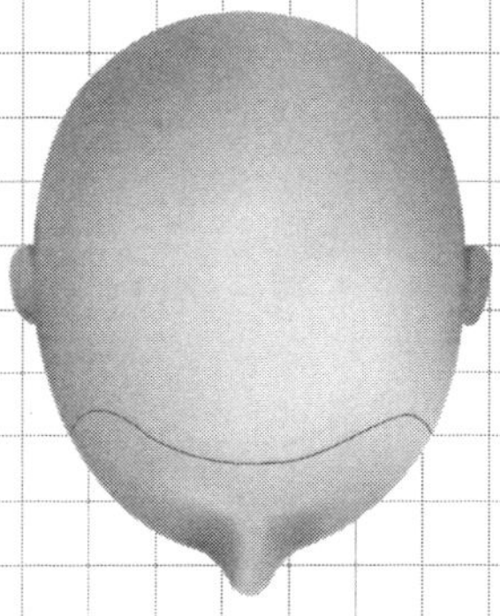

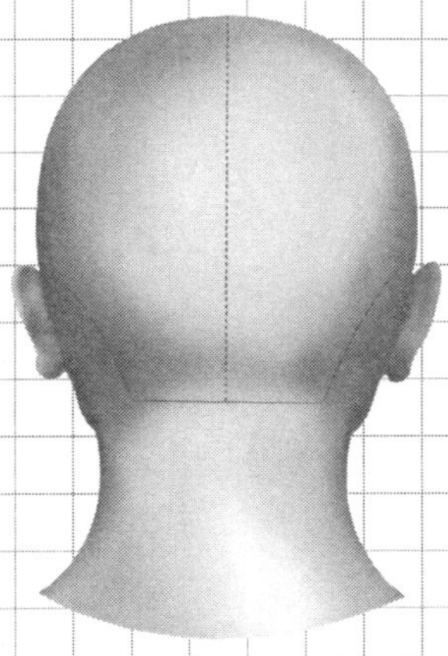

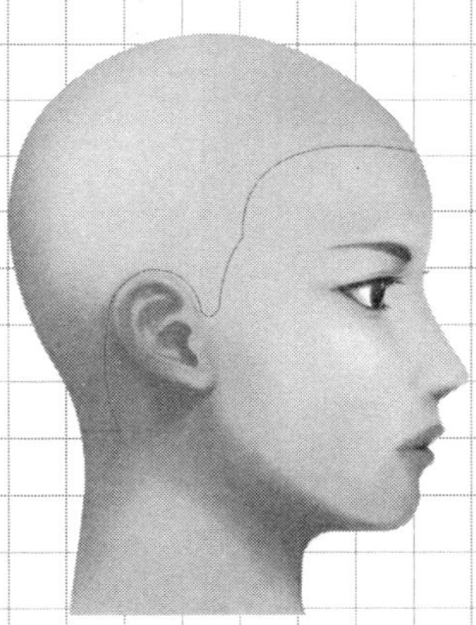

커트 시술한 사진을 붙여 봅시다.

앞	뒤
좌	우

커트 시술 후 블로우 드라이를 한 사진을 붙여 봅시다.

앞	뒤
좌	우

커트한 작품의 사진을 찾아 스크랩 합니다.

IMAGE MAP

Hair Design Process

	커트절차	Zone(A)	Zone(B)	Zone(C)	Zone(D)
		Back	Side	Side	Side
1					
2					
3					
4					
5					
6					
7					
8					
9					

Memo

NAME		일 시	년 월 일
디자인			

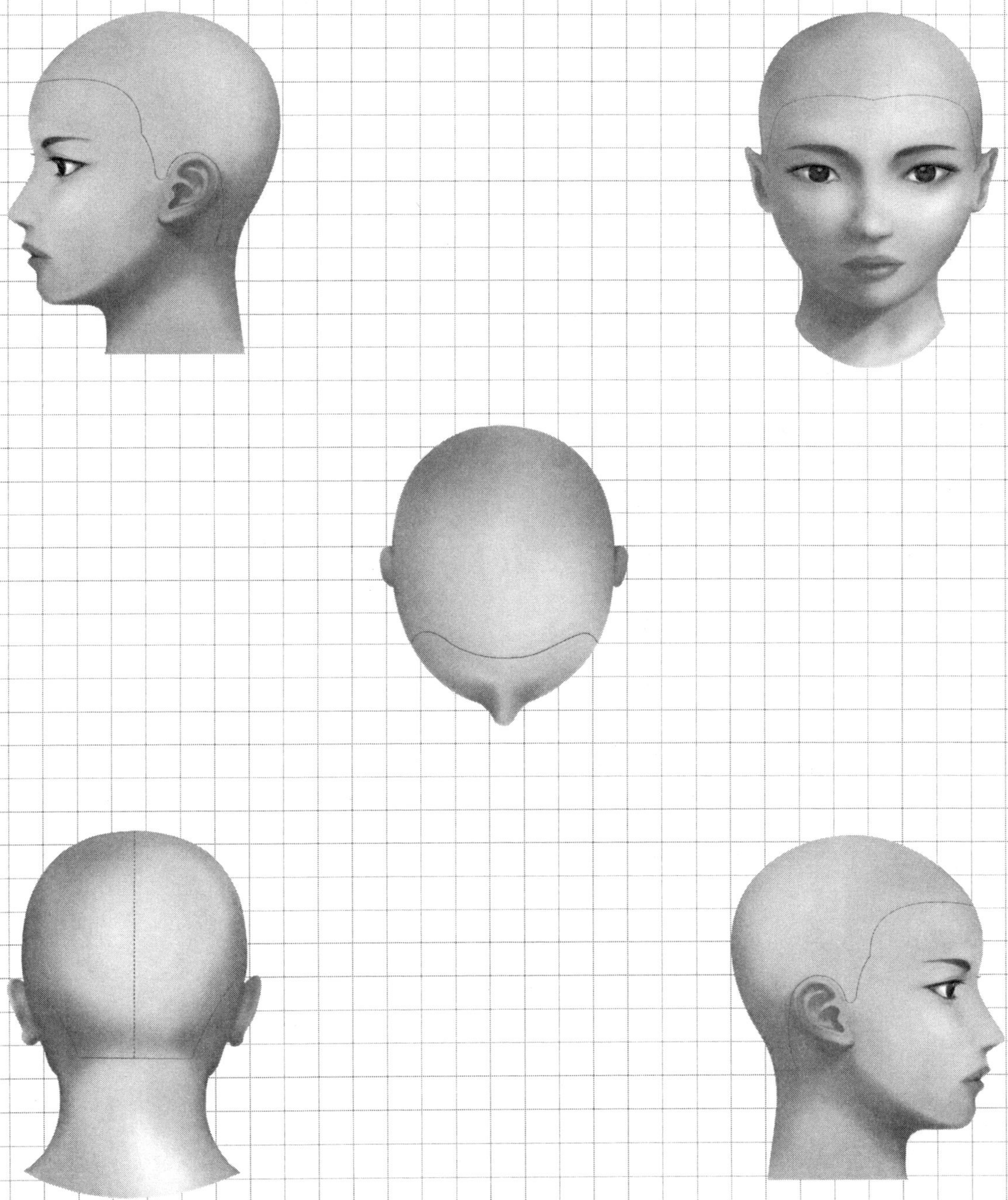

커트 시술한 사진을 붙여 봅시다.

앞	뒤
좌	우

커트 시술 후 블로우 드라이를 한 사진을 붙여 봅시다.

앞	뒤
좌	우

커트한 작품의 사진을 찾아 스크랩 합니다.

IMAGE MAP

Hair Cut WorkBook

2013년 8월 30일 초판인쇄
2013년 9월 5일 초판발행
2016년 9월 1일 2판 1쇄 발행

판권
소유

• 저자와의 협의하에 인지 생략

발행인 석종환
발행처 도서출판 예림
저 자 김성아, 김미정
디자인 안다혜

서울특별시 광진구 광장동 184-11 한강빌딩 207호
Tel: 02) 921-6045~6 Fax: 02) 921-4524
E-mail : yaelim21c@hanmail.net
www.yelimbook.com
등록번호 제 1-2685호
ISBN 978-89-6475-063-6

정가 12,000원

※ 잘못된 책은 바꾸어 드립니다.